高等职业技术教育“十二五”规划教材

C#入门精华教程

主　编　唐世毅　李　芳

副主编　车世强　丁丽丽

西南交通大学出版社

·成　都·

内容简介

本书以原创的、全新的、科学的理念，结合高职高专学生的真实情况，并融入一线教师多年来从事教学的经验及企业工程师丰富的行业实践编写而成。

本书代码开发工具使用 Visual Studio 2010，全书共分为 12 章，内容包括 C#与.NET 简介、变量与表达式、流程控制、数组与字符串、程序调试与异常处理、函数、字段和属性、面向对象编程技术、Windows 窗体应用程序设计、文件操作、使用 ADO.NET 访问数据库、Web 应用程序基础、项目实践等。

本书配有电子教学课件和案例实训资源包，以方便老师教学。

本书既可作为高职高专院校的教材，也可作为各类培训班的培训教程，非常适合 C#入门人员的阅读。

图书在版编目（CIP）数据

C#入门精华教程 / 唐世毅，李芳主编. —成都：西南交通大学出版社，2014.2
高等职业技术教育“十二五”规划教材
ISBN 978-7-5643-2782-8

Ⅰ. ①C… Ⅱ. ①唐… ②李… Ⅲ. ①C 语言 – 程序设计 – 高等职业教育 – 教材 Ⅳ. ①TP312

中国版本图书馆 CIP 数据核字（2013）第 295236 号

高等职业技术教育“十二五”规划教材
C#入门精华教程
主编 唐世毅 李 芳
★
责任编辑 黄淑文
助理编辑 宋彦博
特邀编辑 黄庆斌
封面设计 墨创文化
西南交通大学出版社出版发行
（四川省成都市金牛区交大路 146 号 邮政编码: 610031 发行部电话: 028-87600564）
http: //press.swjtu.edu.cn
四川森林印务有限责任公司印刷
*
成品尺寸: 185 mm × 260 mm 印张: 14.5
字数: 362 千字
2014 年 2 月第 1 版 2014 年 2 月第 1 次印刷
ISBN 978-7-5643-2782-8
定价: 29.00 元

前　言

1. 编写思想

一般的教材，追求的是知识的完备性，同时强调实作，但对本质性的知识讲解得不够透彻，其基本理论的讲述是罗列式的、零碎的、分散的，因此导致学生学得越多越糊涂。而**本书以“类”为核心组织、整合教学内容**，在突出核心的同时，其他知识、技能完全可以通过这个核心推导得来，这样就有效降低了学生理论学习的难度，达到理论“够用”的目标。

另外，本书根据岗位需求组织实践教学内容，每章、每节都有实作题目，全书最后有实训题目。示例的讲解采取了全新的角度：**即利用“逐语句”、“断点”等调试工具进行讲解，力求让学生吃透职业技能的每一个细节**。在实践中发现通过利用“逐语句”、“断点”等调试工具进行教学，学生看清楚了执行细节，正好弥补了高职高专学生普遍基础不牢、理解能力较差的缺点，这样老师讲得少，学生吃得透，效果特别好！

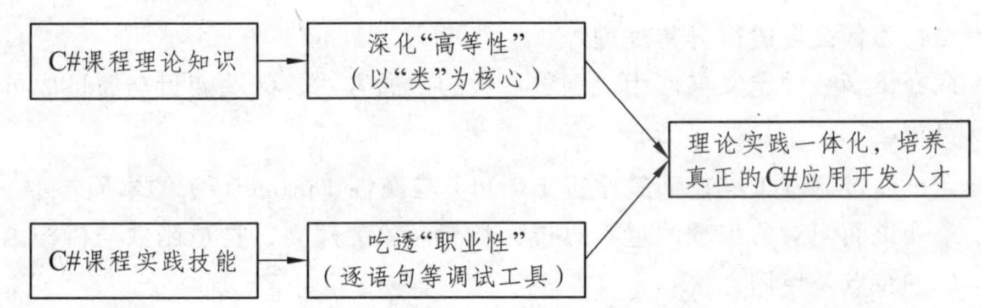

2. 本书特色

（1）作为C#入门“精华”教程，编者“故意”不求大而全、不讲究系统性，而是讲清楚常用的、核心的知识点即可。通过举一反三，读者自然可掌握需要的知识点。即知其一，则全知；一不知，则全不知。**本书的“一”就是：类由两部分构成，一部分描述行为，另一部分描述特征。**

（2）本书示例的讲解采取了全新的角度：**即利用“逐语句”、“断点”等调试工具进行讲解，让学生吃透职业技能的每一个细节**。只有吃透细节，理解得彻底，才能形成真正的程序设计能力。

（3）在很多内容的讲解上，在尽量保证准确的前提下，**力求通俗易懂，用直白的语言讲述知识点的本质**。对每一个知识点都先讲清楚它的用处，在明白了用处后，知识点的难度就大大降低了，即知其用，才能学得好；不知其用，不可能学得好。

（4）示例简短精炼。本书编者认为，在学习新知识时，不是缺少长篇累牍的代码，而是缺少针对性强的精炼小示例。全书配套大量精选示例，以帮助读者理解所学知识。

（5）本书提供电子教案，便于老师教学使用；并提供源代码及素材，便于学生上机调试。有需要的老师请到西南交通大学出版社网站下载或 E-mail：420930692@qq.com。

3. 阅读指南

本书由浅入深地介绍了使用 Visual C# 2010 的编程技巧和面向对象编程的精髓。全书共分为 12 章，各章的主要内容说明如下。

* 第 1 章介绍.NET Framework 4.0 的特点及 Visual Studio 2010 的 C#开发环境。

本章亮点：讲清楚了应用程序结构上的层次关系！

* 第 2 章介绍变量的命名规则、变量的种类以及变量之间的转换、常量的定义与声明、值类型与引用类型的使用方法及区别等。

本章亮点：值类型与引用类型究竟有什么不同？

* 第 3 章介绍了几种流程控制语句的使用方法及注意事项等。

本章亮点：通过调试工具彻底搞清楚常用的算法！

* 第 4 章介绍一维数组、多维数组、交错数组的定义和使用方法，以及 ArrayList 类和字符串的使用方法。

本章亮点：ArrayList、Hashtable 究竟是什么？

* 第 5 章介绍程序调试方法的使用、异常处理的注意事项、异常处理中使用的语句以及如何抛出异常。

本章亮点：为什么要进行异常处理？

* 第 6 章介绍函数的定义与使用、函数参数的传递方式、区块变量与属性成员的使用方法以及运算符重载。

本章亮点：通过调试工具搞清楚字段（field）与属性（property）的本质！

* 第 7 章介绍面向对象编程的基本思想、类与对象的建立、构造函数与析构函数、继承与多态、接口的特点及使用方法。

本章亮点：通过实例讲清楚了多态的用处！

* 第 8 章介绍常见 Windows 窗体控件的使用方法。

本章亮点：讲清楚了 Windows 应用程序究竟是怎么构成的？

* 第 9 章介绍文件和目录的各种操作，包括目录的创建、数据的读取与写入、异步文件操作等。

本章亮点：文件和目录的各种操作实质上就是使用相关的类！

* 第 10 章介绍 ADO.NET 基本数据库编程。

本章亮点：讲清楚了 ADO.NET 的基本结构！

* 第 11 章介绍 ASP.NET 的原理、ASP.NET 几个常见对象的使用方法及 ASP.NET 控件的特点。

本章亮点：通过实例讲清楚了 ASP.NET 的实现细节和实现原理！

* 第 12 章通过一个综合案例，使读者系统地掌握 Visual C# 软件开发的流程，享受开发带来的乐趣。

本章亮点：案例比较接近真实项目，对学生有借鉴意义！

本书由重庆城市管理职业学院唐世毅、重庆城市管理职业学院李芳主编，重庆红透科技有限公司项目经理车世强参编。具体编写分工：唐世毅第 1、2、3、4、5、6、7、9、10、11 章；李芳编写第 8 章；车世强编写第 12 章。

由于作者水平有限，加之时间仓促，书中难免存在不当之处，恳请广大读者批评指正。如有批评和建议请发至：361426288@qq.com。

编　者

2013 年 6 月 20 日

目　录

第 1 章　C#与.NET 简介

本章要点：C#程序设计语言的优点；.NET Framework 4.0 介绍；Visual Studio 2010 开发平台展示。

1.1　C#介绍

1.1.1　C#语言创始人简介

C#语言创始人为 Anders Hejlsberg（安德斯·海尔斯伯格），其生平叙述如下。

1. 基本简历

安德斯·海尔斯伯格出生于哥本哈根，曾在丹麦技术大学学习工程，但没有毕业。大学时期他曾替 Nascom microcomputer 撰写程序，曾为 Nascom-2 计算机撰写蓝标签（Blue Label）、Pascal compiler，到了 DOS 时代他又重新改写了这套 compiler。

当时他在丹麦拥有个名叫 Poly Data 的公司，他编写了 Compass Pascal 编译器的核心，后来称为 Poly Pascal。1986 年他首次认识了 Philippe Kahn。

2. Anders 在 Borland 公司

安德斯·海尔斯伯格把 Compass Pascal 编译器核心授权给了美国 Borland 公司，并作为雇员加入了 Borland 公司，并且是后来所有 Turbo Pascal 版本与 Delphi 前 3 个版本的架构师。Philippe Kahn 为第一个版本的 Turbo Pascal 添加了用户界面与编辑器。

3. 加入微软公司

1996 年，安德斯·海尔斯伯格加入了微软公司。据说，比尔·盖茨亲自参与了这次挖角行动，年薪三百万美金，并许诺安德斯·海尔斯伯格在微软将得到技术上的足够自由和资源支持。据说该事件也是微软公司和 Borland 公司后续官司的导火索。

4. 在微软公司

进入微软公司后，他首先主持了 Visual J++的开发工作。后来由于在 Java 开发工具授权问题上与 Sun 公司的纠纷，微软停止了 Visual J++的后续开发。这之后，作为.NET 概念的发起人之一，安德斯·海尔斯伯格被任命为微软.NET 的首席架构师，主持.NET 的开发工作。

以下是 Osborn（奥斯本）对 Anders 的采访，可以从中领会 C#是一种什么样的计算机语言。

Osborn：我曾经看过一些出版物，根据他们的观察，C#可以说是微软版的 Java。作为牵头人，你喜欢别人这么说吗？

Anders：首先，C#不是 Java 的翻版。在设计 C#过程中，我们参考了多种语言，像 C++、Java、Modula2、C 以及 Smalltalk 等。多种语言有一些相同的核心思想不奇怪，像 deep object-orientation、object-simplification 等，这些也是我们感兴趣的。C#语言与其他语言，特别是 Java 语言的最主要区别是其尽量与 C++靠拢。C#保留了 C++的绝大部分操作符、关键字及描述方法。

我们还保留了一些被 Java 抛弃的程序功能，例如 enum，这么一个强大的功能没理由放弃。在 C#中，我们不仅保留而且有所增强，enum 成为.NET 基础类库 system.Enum 中的强类型数据类。我们还保留了操作符重载和类型转换等。

C#超越那些传统编程语言的一个概念是面向组件。我们保留了原有的 properties、methods、events、attributes 以及 documentation 等优秀的语言概念，并且新创了其他语言从未有过的 attributes（用于给任意对象增加带类型的、可扩展的元数据）。

C#也是第一种组合了 XML 注释符，以让编译器在源代码中生成可读文档的语言。另一个重要概念是“一步到位”，就是你可以在一个文件中完成所有工作，不用再去建立头文件、IDL 文件什么的，使其可以很方便地插入 asp 页面和其他环境中。

在行业中有许多关于编程语言是否需要支持 properties 或 events 的争论。的确，我们可以改用 methods 来表述这些概念。比方用像 get 和 set 的命名模式来实现 property 的作用等，就像在 C 语言中也模拟面向对象操作，只是有很多东西需要你自己打理而已。

但我们所考虑的重点是让语言更容易地操作对象。现在的程序员所编写的组件，已经不是从头编写独立的应用软件或类库，而是通过继承其他一些基本组件，override 它们的 methods，properties 以及 events。这是一个首先要树立的概念。

Osborn：你最近给 C#做了个描述：它是 C/C++家族中第一种面向组件的语言。

Anders：是的，这也是我的主要目标。其实像 Smalltalk、Lisp 这些语言实际上也能做到，但代价不菲。我认为 C#的一个重要创新就是使面向组件编程更加容易。比如说 boxing 和 unboxing 这两个概念，boxing 允许将任何类型的值转换为一个对象，而 unboxing 将一个对象的值转换为一个简单类型的值。并不是说这些概念以前没有出现过，但我们使这些概念实用化、易用化。

我们并不是要让软件工程师从头掌握一种新东西，重写软件，现在的软件行业已经付不起这个代价。我们给予开发人员更大的灵活性去兼容各种网络标准，像 HTTP、HTML、XML 等，以及已在使用的微软技术和将来新出的.NET 技术。

作为《Borland 传奇》的作者，中国台湾著名的计算机作家李维对 Anders 评价如下：

虽然 Anders 没有显赫的学历，无法获得图灵奖（信息科学界最高荣誉奖项，等同于诺贝尔奖），但是我认为 Anders 的实力和贡献绝不输于任何一位图灵奖的获得者。

Anders 是最好的信息实践型人物。在 2001 年，Anders 终于获得了信息界最具权威的信息刊物 Dr. Dobb's Journal（多布斯杂志）颁发的 Excellent Programming Awards，以表彰他为信息界做出的卓越贡献。

我想 Anders 应该是许多本身没有高学历或不是计算机信息科系出身的优秀程序员最好的效仿对象。

Anders 作为微软.NET 的首席架构师、编程语言设计和实现的顶尖高手，他一手做出了 Turbo Pascal，也是 Delphi、J++（尤其是 WFC）、C#和.NET 的主要作者。这些作品的名字足以为他立传。作为一个程序员，我在这样的大师面前实在无话可说。

生子当如 Anders!!!

1.1.2　C#的介绍

C#是可用于创建且运行在.NET CLR 上的应用程序语言之一。它从 C、C++语言演化而来，是 Microsoft 专门为使用.NET 平台而创建的。因为 C#是近期发展起来的，所以吸取了之前的教训，继承了其他语言的许多优点，且弥补了它们的不足之处。它在风格上受 Java 的影响，并且基于 Visual Basic 编程模型，大量借用了 C、C++的语法和关键词。

1. C#与 C++

C#是一种由 C、C++发展而来的简单、现代、面向对象和类型安全的编程语言。C#牢固地植根于 C 和 C++语言族谱中，并且会很快被 C 和 C++程序员所熟悉。C#的目标在于把 Visual Basic 的高生产力和 C++本身的能力结合起来。

C#是一种强大的语言，在 C++中能完成的任务也能利用 C#完成。C#具有与 C++比较高级的功能等价的功能（如直接访问和处理系统内存），只能在标记为“不安全”的代码中使用。这个高级编程技术是非常危险的（正如它的名称），因为它可能覆盖系统中重要的内存块，导致严重后果。

2. C#与 Java

Java 对 C#有着深刻的影响。Java 和 C#的语法非常相似，但与 Java 相比，C#有如下优势：

- C# 的语法要比 Java 强大，因为 C#支持运算符重载和类型安全的枚举。另外，用户如果需要，还可以在 C#代码中选择嵌入式指针和其他不合法的语法，只要把它们放在“非安全”的代码块中即可。
- C# 可以与其他.NET 语言编写的代码进行无缝交互操作，IT 部门不需要标准化 C#，就可以在工程中使用它。
- .NET 基类为 C#提供了一个统一的、标准的源，以满足常用功能需要。例如 XML、互联网和图形化。为了访问相同功能，Java 程序员有时必须从各种不同的源中获取。

3. C#的发展史

C#是 Microsoft 专门为使用.NET 平台而创建的。从最初的 1.0 版本发布后，C#一直在快速发展。之后不久，微软就发布了 1.1 版本。该版本包含一些细小的调整，但是没有对该语言添加任何新功能。

C# 2.0 版本的发布是 C#发展阶段中的分水岭事件，因为该版本增加了许多新功能，如泛型、部分类型和匿名方法，并且从根本上扩展了该语言的范围、功能和覆盖面。

随着 C# 3.0 版本的发布，微软再一次将 C#推到了语言设计的前沿。C#3.0 版本添加了一组创新的功能，这些功能重新定义了编程的发展前景。这些新功能包括 Lambda 表达式、语言集成查询(Language Integrated Query，LINQ)、扩展方法和隐式类型变量等。

本书将介绍 C# 4.0 版本，C# 4.0 版本构建在前面 3 个主要版本的坚实基础之上，同时添加了一些新功能。其中最重要的功能就是命名实参和可选实参。命名实参允许通过名称将实参与形参相联系。可选实参提供了一种给形参指定默认实参的方式。另一个重要新功能是动态类型，用于声明在运行时而非编译时进行类型检查的对象。

1.2 .NET Framework 4.0

1.2.1 什么是.NET

Microsoft .NET 是一项革命性的技术框架。.NET 的核心技术包括分布式计算、XML、组件技术、即时编译技术等。分布式计算是网络的本质；XML 奠定了新一代电子数据交换的标准，正是数据交换使网络计算成为可能；组件技术是软件技术多年来的发展成果，它使程序设计员从大量的 API 中解放出来，以采用面向对象和面向组件的技术来解决软件问题；即时编译技术使应用程序在运行时能够根据主机的硬件和软件环境进行代码优化，并简化代码发放的过程。

.NET 采用特殊的方式编译和执行程序。先通过编译器编译，程序会被编译成通用中间语言 CIL(Common Intermediate Language)文件，CIL 将来被启动时会启动 CIL 编译器，将 CIL 编译成机器码，然后加载 CPU 执行。

1.2.2 .NET Framework 内容

.NET Framework 具有两个主要组件：公共语言运行时(CLR)和.NET Framework 类库。

公共语言运行时是一个在执行时管理代码的代理。它提供核心服务(如内存管理、线程管理和远程处理)，而且还强制实施严格的类型安全以及可确保安全性和可靠性的其他形式的代码准确性。

.NET Framework 类库分为多个不同的模块。例如，一个模块包含 Windows 应用程序的构件，另一个模块包含网络编程的代码块，还有一个模块包含 Web 开发的代码块。可以在客户语言(如 C#)中通过面向对象编程技术(OOP)来使用这些类库。

1.2.3 .NET Framework 的工作原理

使用.NET Framework 开发应用程序，就是使用.NET 代码库来编写代码(使用支持 Framework 的任何一种语言)。为了执行 C#代码，必须把它们转换为目标操作系统能够理解的语言，即本机代码，这种转换称为编译代码，由编译器执行。但在.NET Framework 下，这个过程分为两个阶段：CIL 和 JIT。

创建.NET 应用程序所经历的步骤如下：

（1）使用某种.NET 兼容语言(如 C#)编写应用程序代码。

（2）把代码编译为 CIL 并存储在程序集中。

（3）在执行代码时(如果这是一个可执行文件，就自动运行，或者在其他代码使用它时运行)，首先必须使用 JIT 编译器将代码编译为本机代码。

（4）在托管的 CLR 环境下运行本机代码，以及其他应用程序或进程。

1.2.4 .NET 各版本及特性

1. 主要版本

.NET 主要版本如表 1.1 所示。

表 1.1　.NET 主要版本

主版本	框架版本号	发布日期	VS 版本
1	1.2.3705.0	2002/02/13	Visual studio.NET
1.1	1.1.4322.573	2003/04/24	Visual Studio.NET 2003
2	2.0.50727.42	2005/11/07	Visual Studio 2005
3	3.0.4506.30	2006/11/06	
3.5	3.5.21022.8	2007/11/19	Visual Studio 2008
4	4.0.30319.1	2010/04/12	Visual Studio 2010
4.5	4.5.40805	2011/09/13	Visual Studio 11(预览版)
4.5	4.5.50131	2012/03/06	Visual Studio 11(测试版)
4.5RC	4.5.50501	2012/05/31	
4.5RTM	4.5.50709	2012/08/02	

2. 各版本核心特性

.NET 各版本核心特性如图 1.1 所示。

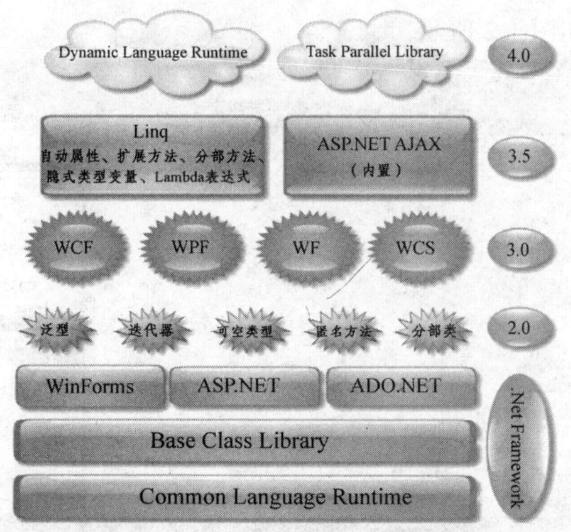

图 1.1　.NET 各版本核心特性

1.3 Visual Studio 2010 开发环境

1.3.1 VS 2010 概述

作为一种可视化编程环境，Visual Studio 2010 为程序开发人员提供了快速应用程序开发(RAD，Rapid Application Development)的理念，它使用了 Microsoft Windows 图形用户界面的许多先进特性和设计思想，大大提高了程序开发人员的编程效率。

- VS 可以自动执行编译源代码的步骤；
- VS 文本编辑器为 VS 支持的语言(包括 C#)量身定制，这样就可以智能检测错误，在输入代码时给出合适的推荐代码，这个功能称为“智能提示”；
- VS 包括 Windows Forms、Web Forms 及其他应用程序的设计器；
- 在 C#中，许多类型的项目都可以用已有的“模板”代码来创建；
- VS 包括几个可自动执行常见任务的向导；
- VS 包含许多强大的工具，可以显示项目中的元素并允许在其中导航；
- 在 VS 中除了可以比较简单地编写应用程序外，还可以创建部署项目；
- VS 允许使用高级调试技巧。

1.3.2 VS 解决方案

在使用 VS 或 VCE 开发应用程序时，可以通过创建解决方案来完成。在 VS 和 VCE 术语中，解决方案不仅仅是一个应用程序，它还包含项目，可以是 Windows Forms 项目和 Web Forms 项目等。但是，解决方案可以包含多个项目，即使相关的代码最终在硬盘上的多个位置编译为多个程序集，也可以把它们组合到一个解决方案中。这一点是非常有用的，因为它可以处理“共享”代码(这些代码放在 GAC 中)，同时，应用程序也使用这段共享代码。在使用唯一的开发环境时，调试代码是非常容易的，因为可以在多个代码块中单步调试指令。

1.3.3 VS 2010 开发界面

VS 2010 开发界面如图 1.2 所示。

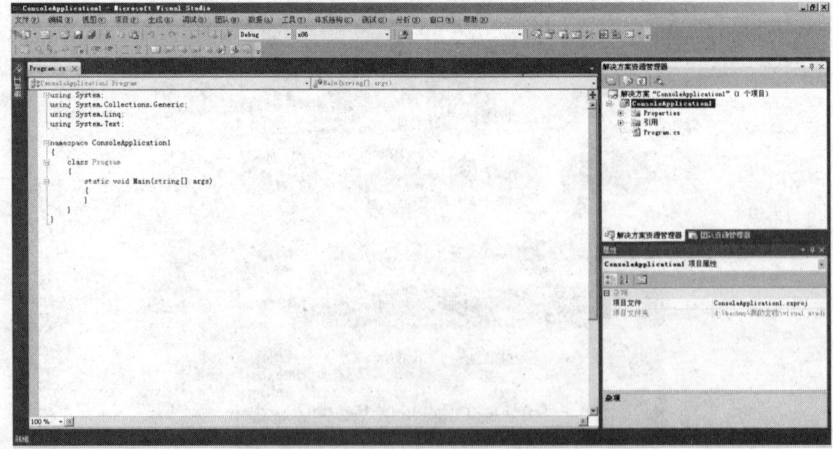

图 1.2 VS 2010 开发界面

可以看出，Visual Studio 2010 界面简洁，我们不再从菜单开始一一介绍，建议从解决方案资源管理器开始熟悉。

1.4　第一个 C#程序

.NET Framework 没有限制应用程序的类型。C#使用.NET Framework，因此也没有限制应用程序的类型。常见的应用程序类型有下面几种：

- 控制台应用程序：这类应用程序是运行在 DOS 窗口上的纯文本应用程序。如在单元测试类库或创建后台过程时，可以使用控制台应用程序。
- Windows 应用程序：这些应用程序有大家很熟悉的 Windows 外观和操作方式，使用.NET Framework 的 Windows Forms 模块就可以生成这种应用程序。
- Web 应用程序：这些是 Web 页，可以通过任何 Web 浏览器查看，可以使用 C#通过 Web Forms 创建 ASP.NET 应用程序。
- Web 服务：这是一种创建各种分布式应用程序的新方式，使用 Web 服务可以通过 Internet 虚拟交换数据。Web 服务是一种应用程序，它可以使用标准的互联网协议，如 HTTP、XML。可将 Web 服务视作 Web 上的组件编程。无论使用什么语言创建 Web 服务，也无论 Web 服务驻留在什么系统上，都使用一样简单的语法。

1.4.1　HELLO WORLD（控制台应用程序）

1. 创建应用程序

首先启动 Visual Studio 2010，选择“文件”，“新建”，“项目”菜单命令，弹出“新建项目”对话框，在“Visual C#”的模板中选择“控制台应用程序”，如图 1.3 所示，在窗口下面部分会显示：

“名称”：表示“项目”的名称，此处比如输入“hello world”。

“位置”：表示存储目录位置。

“解决方案”：暂时保持默认设置不动。

“解决方案名称”：此处故意与“项目”名称不一致，比如输入“h w”。

“为解决方案创建目录”：暂时保持默认设置不动。

“添加到源代码管理”：暂时保持默认设置不动。

最后单击“确定”按钮，就完成了应用程序创建工作。

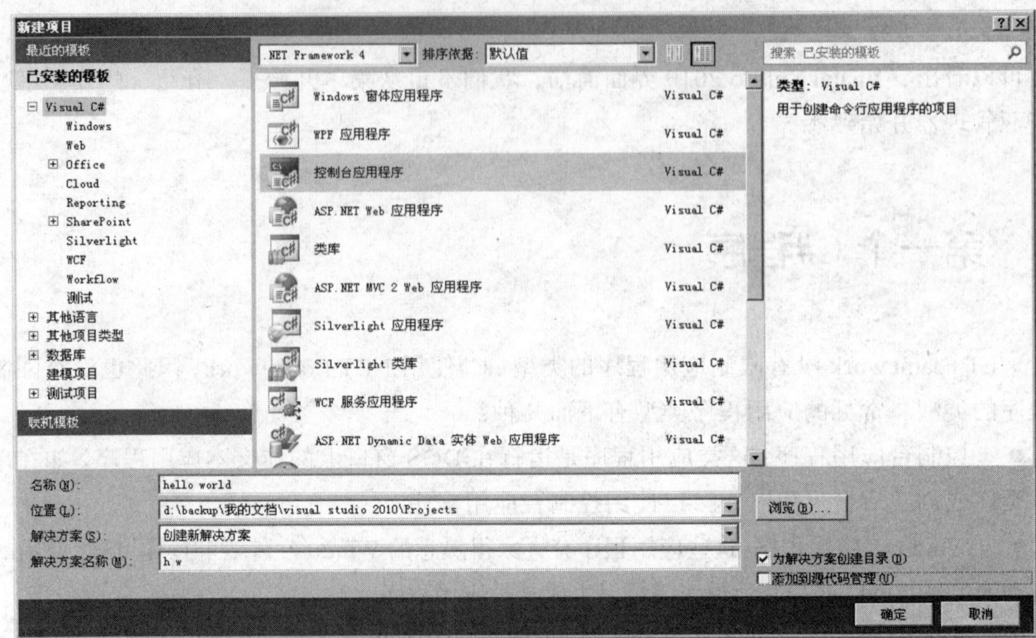

图 1.3 “新建项目”对话框

2. 应用程序的目录组织结构

为了看清楚刚才做的操作究竟干了什么，我们鼠标对准左上角的“Program.cs”右击，选择“打开所在的文件夹”，如图 1.4 所示，可以看到目录组织结构。稍加观察可以发现：为解决方案创建的目录为“h w”，为项目创建的目录为“hello world”，并且“hello world”作为“h w”的子目录。可以直观看出，谁包含谁。

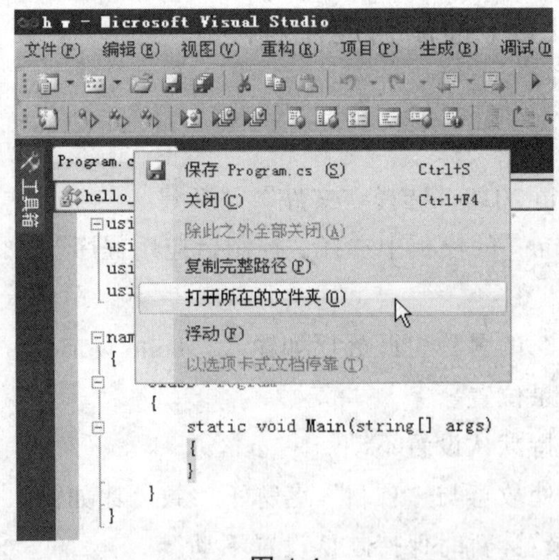

图 1.4

回到右边的“解决方案资源管理器”和“属性”窗口，可以更清楚地看到：解决方案“h w”里包含了 1 个项目。鼠标选中“[解决方案“h w”(1 个项目)]”，看下面的“属性”窗口，可以看到解决方案文件的路径：……\h w\h w.sln，如图 1.5 所示。

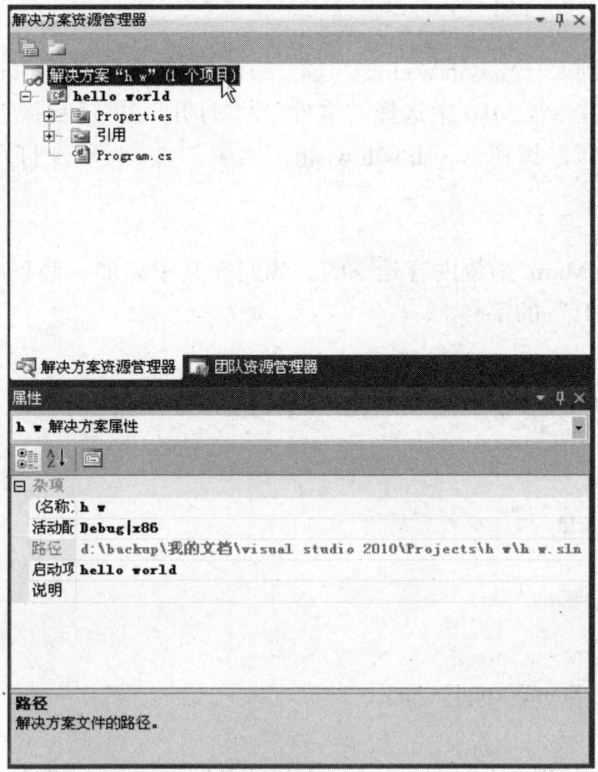

图 1.5

鼠标再选中"hello world"项目，看下面的"属性"窗口，可以看到项目文件的路径：……\h w\hello world\hello world.csproj，如图 1.6 所示。

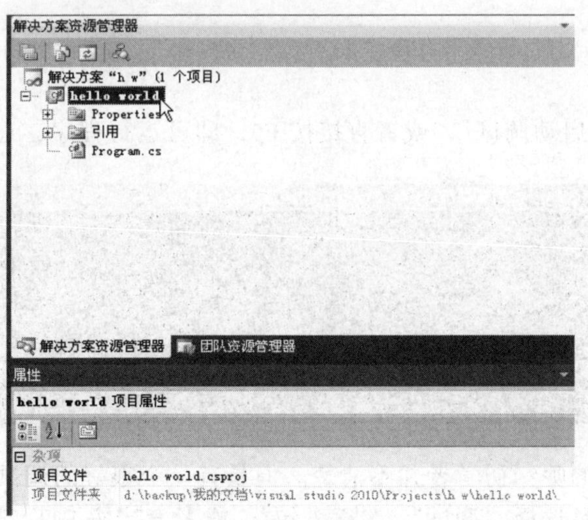

图 1.6

至此，前面的操作就是在指定位置建立了相应的文件夹和文件，今后如果要把应用程序进行备份或者转移到其他计算机，只需要把最顶层的文件夹"全部"拷走就行，不能想当然地拷其中一部分！这里就是把"h w"文件夹"全部"拷走。若以后要再次打开这个应用程序，有两种方法：

一种方法是：找到……\h w\h w.sln，，双击打开即可；

另一种方法是：在 VS 2010 中选择“文件”/“打开”/“项目/解决方案”菜单命令，弹出“打开项目”对话框，找到……\h w\h w.sln，，双击打开即可。

3. 程序代码

此时应用程序的 Main 函数内容是空的，我们在其中添加一些程序代码，使用户运行程序后显示“hello world!”的字样。

```
using System;
using System.Collections.Generic;
using System.Linq;
using System.Text;
namespace hello_world
{
    class Program
    {
        static void Main(string[] args)
        {
            Console.WriteLine("hello world!");//添加的代码，向控制台输出
            Console.ReadLine();//添加的代码，等待用户输入内容，程序会暂停，使程序暂不退出
        }
    }
}
```

4. 调试运行

选择“调试”/“启动调试”，或者直接按 F5，即可运行程序，运行结果如下：

具体是怎么执行的呢？初学者并不清楚。但是有一个很好的调试工具可以让初学者一样看得清清楚楚。那就是选择“调试”/“逐语句”，或者直接按 F11。运行结果如下：

黄色箭头表示即将执行的语句，很明显应用程序是从 Main 函数开始执行的，这是应用程序的主入口，继续按 F11，再按 F11，可以看到第一句话的效果已经出来了，此时在黑色的控制台里输出了“hello world!”，也就是说，我们的目的已经达到。但是，应用程序并没有结束，继续按 F11，马上焦点来到了控制台，来干什么？等待用户输入内容，我们随便输入一个字母，

按回车，第二句话也已执行完毕，但 Main 函数还没完全执行完毕，继续按 F11，Main 函数完全执行完毕，应用程序结束，同时看到黑色的控制台已自动消失。

1.4.2　HELLO WORLD（Windows 应用程序）

1. 案例说明

本例是另一个 C#入门的简单小例子，它是一个 Windows 应用程序。在窗体中添加两个 Button 按钮以及一个 Label 标签，通过单击按钮，实现标签的显示与消失。

2. 编程思路

编写 Button 按钮事件，通过对 Label 控件的 Visible 属性的改变来实现程序设计要求。

3. 窗体设计

首先启动 Visual Studio 2010，选择“文件” / “新建” / “项目”菜单命令，弹出“新建项目”对话框，在“Visual C#”的模板中选择“Windows 窗体应用程序”，在窗口下面部分会显示：

“名称”：表示“项目”的名称，此处输入“hello world”。

“位置”：表示存储目录位置。

“解决方案”：暂时保持默认设置不动。

“解决方案名称”：此处故意与“项目”名称不一致，比如输入“w a”。

“为解决方案创建目录”：暂时保持默认设置不动。

“添加到源代码管理”：暂时保持默认设置不动。

最后，单击“确定”按钮，就完成了应用程序创建工作。

在窗体上添加两个 Button 控件和一个 Label 控件。添加方法为：双击工具箱中的 Button 控件，或者通过鼠标的拖动，直接把 Button 控件拖到窗体上去；同理添加 Label 控件。

接下来修改 Button 控件以及 Label 控件的属性：

（1）设置 Label1 的 Text 属性为“hello world!”。

（2）设置 Button1 和 Button2 的 Text 属性分别为“显示”和“消失”。

4. 程序代码

双击这两个按钮，在出现的代码中添加按钮单击事件的处理代码，如下：

```
using System;
using System.Collections.Generic;
using System.ComponentModel;
using System.Data;
using System.Drawing;
using System.Linq;
using System.Text;
using System.Windows.Forms;
```

```
namespace hello_world
{
    public partial class Form1 : Form
    {
        public Form1()
        {
            InitializeComponent();
        }

        private void button1_Click(object sender, EventArgs e)
        {
            label1.Visible = true;//添加的代码，显示
        }

        private void button2_Click(object sender, EventArgs e)
        {
            label1.Visible = false;//添加的代码，隐藏
        }
    }
}
```

5. 运行效果

选择“调试”/“启动调试”，或者直接按 F5，即可运行程序，运行结果如图 1.7 所示。

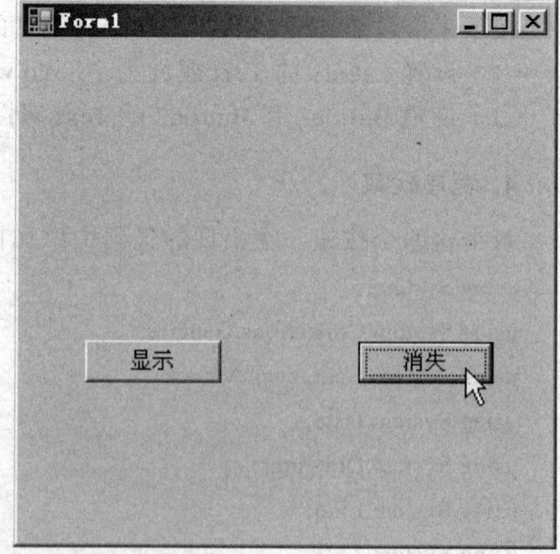

图 1.7

1.4.3　应用程序结构上的层次关系

1. 分析 HELLO WORLD(Windows 应用程序)

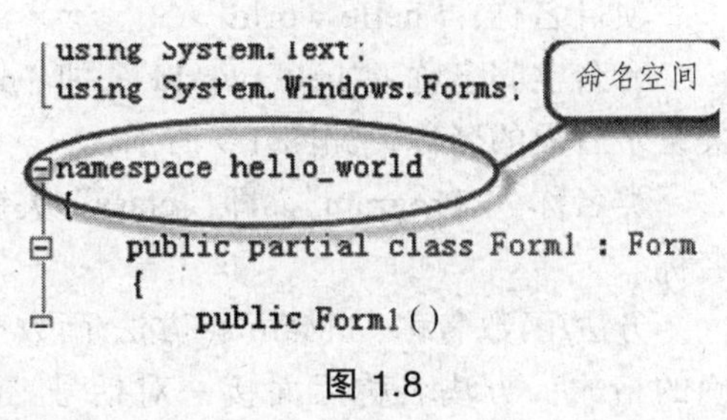

图 1.8

解决方案名称："w a"。

项目名称："hello world"。

命名空间名称："hello world"。即"name space"关键字后面的名称，如图 1.8 所示。

类名称："Form1"，即"class"关键字后面的名称。

方法/函数名称："Form1"、"button1_Click"、"button2_Click"。方法/函数声明有着明确的格式：方法名称后面接一对括号"( )"，括号内是形式参数列表，可以为空；一对括号"( )"后面紧接着一对花括号"{}"，"{}"内部是实现方法/函数的语句，每条语句由分号"；"结束。

字段/属性名称："i"。字段声明有着明确的格式：字段的左边一定是类型名称，最后以分号"；"结束。注意声明的位置是在类的内部，方法/函数的外部。

在"Form1"类里增加一行代码：

```
public partial class Form1 : Form
    {
        private int i;//增加的代码
        public Form1()
        {
            InitializeComponent();
        }

        private void button1_Click(object sender, EventArgs e)
        {
            label1.Visible = true;
        }

        private void button2_Click(object sender, EventArgs e)
        {
            label1.Visible = false;
        }
    }
```

2. 分析 HELLO WORLD（控制台应用程序）

解决方案名称："h w"。

项目名称："hello world"。

命名空间名称："hello world"。即"name space"关键字后面的名称，如图 1.9 所示。

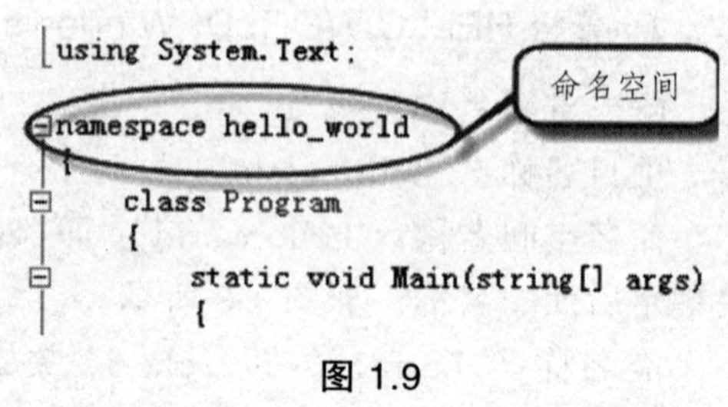

图 1.9

类名称："Program"，即"class"关键字后面的名称。

方法/函数名称："Main"。方法/函数声明有着明确的格式：方法名称后面接一对括号"( )"，括号内是形式参数列表，可以为空；一对括号"( )"后面紧接着一对花括号"{}"，"{}"内部是实现方法/函数的语句，每条语句由分号"；"结束。

字段/属性名称："i"。字段声明有着明确的格式：字段的左边一定是类型名称，最后以分号"；"结束。注意声明的位置是在类的内部，方法/函数的外部。

在"Program"类里增加一行代码：

```
class Program
    {
        private int i; //增加的代码
        static void Main(string[] args)
        {
            Console.WriteLine("hello world!");
            Console.ReadLine();
        }
    }
```

3. 应用程序结构上的层次关系

应用程序结构上的层次关系如图 1.10 所示。

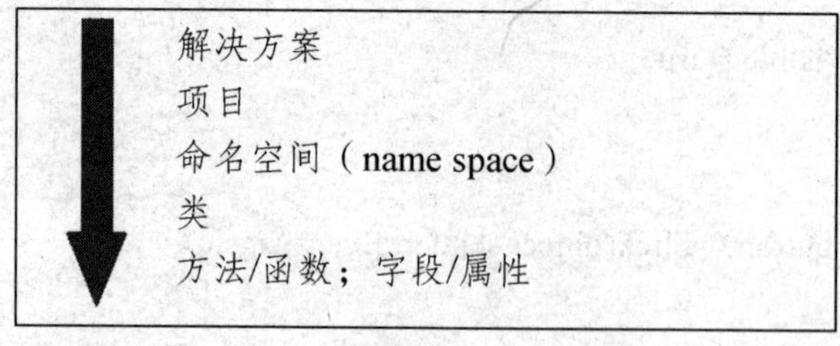

图 1.10

（1）从上到下，一个上层的元素包含若干个下层元素，形成树状层次关系，如图 1.11 所示。

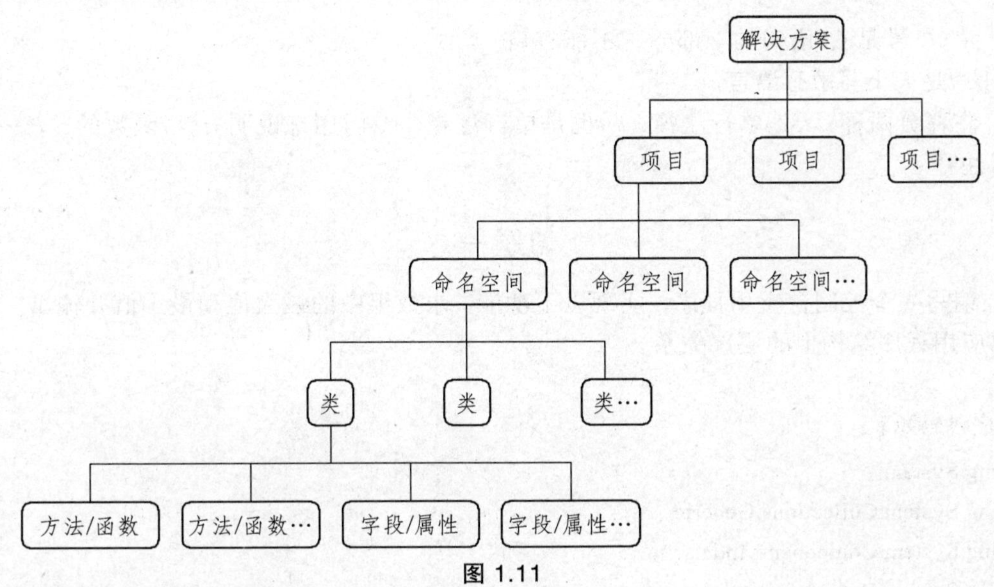

图 1.11

（2）命名空间。在.NET 中，类是通过命名空间来组织的。命名空间提供了可以将类分成逻辑组的方法，将系统中的大量类库有序地组织起来，使得类更容易使用和管理。可以将命名空间想象成“文件夹”，类就相当于文件夹下面的文件。与文件夹类似，命名空间下面还可以有子命名空间，以形成多层命名空间嵌套。除了类以外，命名空间中可以包含结构、枚举、委托和接口等可在程序中使用的类型。

在 C#中，使用命名空间有两种方式：一种是用加前缀的方式，明确指出命名空间的位置；另一种是在文件的顶部通过 using 关键字引用命名空间。详述如下：

- 用加前缀的方式，任何一个命名空间都可以在代码中直接使用。例如：

```
System.Console.WriteLine("ABC");
```

这条语句是调用了 System 命名空间中 Console 类的 WriteLine 方法。

- using 语句。当出现多层命名空间嵌套时，如果语句比较多，输入起来很繁琐，为此，要在文件的顶部列出命名空间，前面加上 using 关键字即可。在文件的其他地方，就可以直接使用类的名称。例如：

```
using System;
```

此时，在程序代码中就可以直接使用类名称：

```
Console.WriteLine("ABC");
```

（3）应用程序的基本构成单位。通过以上分析，“类”就是一个应用程序的基本构成单位，可以这样理解：一个应用程序主要就是由若干个类构成的。而类又由两部分构成：一部分是描述行为的，即方法/函数；另一部分是描述特征的，即字段/属性。C#学习的关键就在于“类”，搞得懂“类”就可以搞得懂其他知识；如果搞不懂“类”，其他也搞不懂。即知其一，则全知；一不知，则全不知。

1.4.4　C#语法基础

常见的基本语法规则如下：

- Main()方法：应用程序的入口，必须要有。

● “;”号是 C#语句的一部分，不能省略。

● C#是大小写敏感语言。

● 注释分两种：//是单行注释，///也是单行注释，专门用来说明方法/函数的；/*……*/是多行注释。

习题一

1. 编写一个控制台应用程序，实现以下功能：求数组中的最大值和最小值并输出。完成后理解应用程序结构上的层次关系。

程序代码如下：

```
using System;
using System.Collections.Generic;
using System.ComponentModel;
using System.Data;
using System.Drawing;
using System.Linq;
using System.Text;
using System.Windows.Forms;
namespace lx1
{
class Program
{
static void Main(string[] args)
        {
                int max, min;
int[] a = new int[10] { 1, 34, 5, 9, 23, 59, -9, 0, 40, 22 };
                max = a[0];
                min = a[0];
                for (int i = 1; i < a.Length; i++)
                {
                    if (max < a[i])
                        max = a[i];
                    if (min > a[i])
                        min = a[i];
                }
                Console.WriteLine("最大值为{0}", max);
                Console.WriteLine("最小值为{0}", min);
                Console.ReadLine();
        }
}
```

```
    }
}
```

2. 编写一个 Windows 应用程序，在窗体上放置 3 个按钮和 1 个 TextBox 控件，将 3 个按钮的 Text 属性分别设置为“红色”、“蓝色”、“绿色”。编写程序实现通过单击不同的按钮使 TextBox 控件的文本的前景色发生相应的变化。完成后理解应用程序结构上的层次关系。

程序代码如下：

```
using System;
using System.Collections.Generic;
using System.ComponentModel;
using System.Data;
using System.Drawing;
using System.Linq;
using System.Text;
using System.Windows.Forms;
namespace WindowsApplication1
{
    public partial class Form1 : Form
    {
        public Form1()
        {
            InitializeComponent();
        }

        private void button1_Click(object sender, EventArgs e)
        {
            textBox1.ForeColor = Color.Red;
        }

        private void button2_Click(object sender, EventArgs e)
        {
            textBox1.ForeColor = Color.Blue ;
        }

        private void button3_Click(object sender, EventArgs e)
        {
            textBox1.ForeColor = Color.Green ;
        }
    }
}
```

第 2 章　变量与表达式

本章要点：变量的命名、类型以及赋值的方法；表达式以及运算符的优先级；值类型以及引用类型。

2.1　变　量

变量代表了对应的存储单元，每个变量都有一个类型，这决定了变量可以存储什么值。C#是类型安全语言，并且每个 C#编译器会保证存储在变量中的值总是恰当的类型。可以通过赋值语句操作或者使用“++”和“--”操作符改变变量的值。使用变量的一条重要原则是：变量必须先定义后使用。变量可以在定义时赋值，也可以在定义的时候不赋值。

2.1.1　变量的声明

变量的声明采用如下的规则：

```
<type>  <name>;
```

其中 type 是变量的类型，name 是变量的名称。例如：

```
int a;
double d;
```

还可以在声明变量的同时为变量赋初值，如 :

```
double d=2.4;
string s="hello CSharp";
```

2.1.2　变量的命名

在任何一种语言中，变量的命名都是有一定规则的。当然 C#也不例外，若在使用中定义了不符合一定规则的变量，C#语言系统会自动报错。

基本的变量命名规则如下：

- 变量名的第一个字符必须是字母、下划线（"_"）或者"@"。
- 除去第一个字母外，其余的字母可以是字母、数字、下划线的组合。
- 不可以使用对 C#编译器而言有特定含义的名字（即 C#语言的库函数名称和关键字名称）作为变量名，如 using、namespace、struct 等。其实在写程序的时候系统会自动提示你错误的，因此用户不必过于担心。

下面的变量名是错误的：

345abc

class

w-d-m

下面的命名则是正确的：

wdm

_myVariable

VAR

在变量命名过程中，命名遵循一定规则是必须的。在.NET Framework 名称空间中有两种命名约定：PascalCase 和 camelCase。在名称中的大小写表示它们的前途。这两种命名约定都应用到由多个单词组成的名称中，并指定名称中的每个单词除了第一个字母大写外，其余字母都是小写。除此之外，在 camelCase 中，还有一个规则，即第一个单词须以小写字母开头。

下面是 PascalCase 变量命名的举例：

Age

SumOfApple

DayOfWeek

下面是 camelCase 变量命名的举例：

age

sumOfApple

dayOfWeek

Microsoft 建议：对于简单的变量，使用 camelCase 规则，而比较高级的命名则使用 PascalCase 规则。

2.1.3　变量的种类、赋值

在 C#语言中，变量被分为七种类型：静态变量（Static Variables）、非静态变量（Instance Variables）、数组元素（Array Elements）、值参数（Value Parameters）、引用参数（Reference Parameters）、输出参数（Output Parameters）、局部变量（Local Variables）。

看下面的例子：

```
class myClass
{
  private    int y;
  public static int x=1;
  public bool Function(int[] s, int m, ref int i, out int j)
   {
          int w=2;
          j=x+y+i+w;
     }
 }
```

在上面代码中，x 是静态变量，y 是非静态变量，s 是数组元素，m 是值参数，i 是引用参数，j 是输出参数，w 是局部变量。

接下来着重讲最为常见的三种变量：

1. 非静态变量

非静态变量实质上就是类的一部分，即字段/属性，非静态字段/属性。不带有 static 修饰符声明的变量称为实例变量（非静态变量）。如：

```
private   int   y;
```

针对类中的非静态变量而言，一旦一个类的新的实例（对象）被创建，直到该实例（对象）不再被应用从而所占空间被释放为止，该非静态变量将一直存在。因此其生存周期与类的实例（对象）同步，是比较长的。

2. 静态变量

静态变量实质上就是类的一部分，即字段/属性，静态字段/属性。带有 static 修饰符声明的变量为静态变量。如：

```
public static int x=1;
```

一旦静态变量所属的类被装载，直到包含该类的程序运行结束时，它将一直存在。可以看出，静态变量的生存周期是所有变量中最长的。

3. 局部变量

局部变量是指一个独立的程序块（如一个方法/函数内部，一个 for 语句，一个 switch 语句或者 using 语句）中声明的变量，其有效期为从声明的位置开始到该范围结束。当程序运行到它声明的位置时，该变量即开始生效，当程序离开这一范围时，该变量就失效了。如：

```
int w=2;
```

可以看出，局部变量的生存周期是最短的。与其他几种变量类型不同的是：局部变量不会自动被初始化，因此也就没有默认值，在进行赋值检查的时候，局部变量被认为是没有被赋值，因此必须让程序员手动赋值。

2.1.4 变量类型之间的转换

在程序设计中，常常会遇到变量的类型转换问题。比如在进行数学四则运算时，int 类型的数值和 double 类型的数值可能混在一起进行运算，这样变量之间的类型转换就应运而生。

常见的主要有以下五种转换方式：

- 隐式转换；
- 强制类型转换；
- ToString 方法；
- Parse 方法；
- Convert 类。

1. 隐式转换

隐式转换又称自动类型转换，若两种变量的类型是兼容的或者目标类型的取值范围大于源类型时就可以使用隐式转换。

表 2.1 显示了预定义的隐式数值转换。隐式转换可能在多种情形下发生，包括调用方法时和在赋值语句中。

表 2.1　预定义的隐式数值转换

源	目　标
sbyte	short、int、long、float、double 或 decimal
byte	short、ushort、int、uint、long、ulong、float、double 或 decimal
short	int、long、float、double 或 decimal
ushort	int、uint、long、ulong、float、double 或 decimal
int	long、float、double 或 decimal
uint	long、ulong、float、double 或 decimal
long	float、double 或 decimal
char	ushort、int、uint、long、ulong、float、double 或 decimal
float	double
ulong	float、double 或 decimal

说明：
- 从 int、uint 或 long 到 float 的转换以及从 long 到 double 的转换可能会导致精度降低，但数值大小不受影响。
- 不存在到 char 类型的隐式转换。
- 不存在浮点型与 decimal 类型之间的隐式转换。
- int 类型的常数表达式可转换为 sbyte、byte、short、ushort、uint 或 ulong，前提是常数表达式的值处于目标类型的范围之内。

2. 强制类型转换

在程序编写以及应用时，我们会发现上面讲述的隐式转换不能满足所有需要，很多时候还需要强制类型转换。强制类型转换是一种指令，它告诉编译器将一种类型转换为另外一种类型。强制转换的缺点是可能产生的结果不够精确。具体的强制类型转换语法为：

(target-type)（变量或表达式）;

例 2.1　类型转换小例子。

程序代码：

```
using System;
using System.Collections.Generic;
using System.Linq;
using System.Text;
namespace ImolicitConversion
{
```

```
class Program
{
    static void Main(string[] args)
    {
        int i = 2;
        double d = 3.4;
        int v1 = (int)(i + d);
        double v2 = i + d;
        Console.WriteLine("v1={0},v2={1}",v1,v2);
        Console.ReadLine();
    }
}
}
```

运行结果：v1=5，v2=5.4

“WriteLine（"v1={0},v2={1}",v1,v2;”圆括号中的字符串叫做格式字符串，而格式字符串的内容在运行时动态确定。{0}、{1}是占位符，这些占位符将在运行时替换为对应的值，即格式字符串逗号后面的 v1,v2 的值。通俗地说：格式字符串输出时，其他内容保持原样不变，{N}占位符的地方用后面对应表达式的值来替换，即{0}用 v1 的值替换，{1}用 v2 的值替换，如果还有更多，依此类推。目的是为了让输出格式更美观。

3. ToString 方法

ToString 方法主要用于将变量转化为字符串类型，该方法是 C#语言中常见的一个方法。

前面我们介绍的各种类型的变量都可以通过 ToString 方法转换为 String 类型，具体看下面一个把 int 型变量转化为 string 类型变量的小例子：

```
int i=200;
string s=i.ToString();
```

这样字符串类型变量 s 的值就是“200”　。

4. Parse 方法

与 ToString 方法相反，Parse 方法主要用于将字符串类型转换为其他类型，不同的类型有自己相应的 Parse 方法。具体看下面一个把 string 类型转化为 int 类型的小例子：

```
string s ="200";
int i=int. Parse(s);
```

这样字符串"200"就通过 Parse 方法转换成了 int 型数据 200 并赋给了变量 i。

5. Convert 类

Convert 类提供了很多方法把各种类型互相转化，功能相当丰富，是 5 种转换方式中功能最强大的。

Convert 类包含的方法如表 2.2 所示。

表 2.2　Convert 类包含的方法

方法	含　义
ToUInt16(Byte)	将指定的 8 位无符号整数的值转换为等效的 16 位无符号整数
ToUInt16(Char)	将指定的 Unicode 字符的值转换为等效的 16 位无符号整数
ToUInt16(DateTime)	调用此方法始终引发 InvalidCastException
ToUInt16(Decimal)	将指定的十进制数的值转换为等效的 16 位无符号整数
ToUInt16(Double)	将指定的双精度浮点数的值转换为等效的 16 位无符号整数
ToUInt16(Int16)	将指定的 16 位有符号整数的值转换为等效的 16 位无符号整数
ToUInt16(Int32)	将指定的 32 位有符号整数的值转换为等效的 16 位无符号整数
ToUInt16(Int64)	将指定的 64 位有符号整数的值转换为等效的 16 位无符号整数
ToUInt16(Object)	将指定对象的值转换为 16 位无符号整数
ToUInt16(SByte)	将指定的 8 位有符号整数的值转换为等效的 16 位无符号整数
ToUInt16(Single)	将指定的单精度浮点数的值转换为等效的 16 位无符号整数
ToUInt16(String)	将指定字符串转换为等效的 16 位无符号整数
ToUInt16(UInt16)	返回指定的 16 位无符号整数；不执行任何实际的转换
ToUInt16(UInt32)	将指定的 32 位无符号整数的值转换为等效的 16 位无符号整数
ToUInt16(UInt64)	将指定的 64 位无符号整数的值转换为等效的 16 位无符号整数
ToUInt32(Boolean)	将指定的布尔值转换为等效的 32 位无符号整数
ToUInt32(Byte)	将指定的 8 位无符号整数的值转换为等效的 32 位无符号整数
ToUInt32(Char)	将指定的 Unicode 字符的值转换为等效的 32 位无符号整数
ToUInt32(DateTime)	调用此方法始终引发 InvalidCastException
ToUInt32(Decimal)	将指定的十进制数的值转换为等效的 32 位无符号整数
ToUInt32(Double)	将指定的双精度浮点数的值转换为等效的 32 位无符号整数
ToUInt32(Int16)	将指定的 16 位有符号整数的值转换为等效的 32 位无符号整数
ToUInt32(Int32)	将指定的 32 位有符号整数的值转换为等效的 32 位无符号整数
ToUInt32(Int64)	将指定的 64 位有符号整数的值转换为等效的 32 位无符号整数
ToUInt32(Object)	将指定对象的值转换为 32 位无符号整数
ToUInt32(SByte)	将指定的 8 位有符号整数的值转换为等效的 32 位无符号整数
ToUInt32(Single)	将指定的单精度浮点数的值转换为等效的 32 位无符号整数
ToUInt32(String)	将指定字符串转换为等效的 32 位无符号整数

续表 2.2

方法	含义
ToUInt32(UInt16)	将指定的 16 位无符号整数的值转换为等效的 32 位无符号整数
ToUInt32(UInt32)	返回指定的 32 位无符号整数；不执行任何实际的转换
ToUInt32(UInt64)	将指定的 64 位无符号整数的值转换为等效的 32 位无符号整数
ToUInt64(Boolean)	将指定的布尔值转换为等效的 64 位无符号整数
ToUInt64(Byte)	将指定的 8 位无符号整数的值转换为等效的 64 位无符号整数
ToUInt64(Char)	将指定的 Unicode 字符的值转换为等效的 64 位无符号整数
ToUInt64(DateTime)	调用此方法始终引发 InvalidCastException
ToUInt64(Decimal)	将指定的十进制数的值转换为等效的 64 位无符号整数
ToUInt64(Double)	将指定的双精度浮点数的值转换为等效的 64 位无符号整数
ToUInt64(Int16)	将指定的 16 位有符号整数的值转换为等效的 64 位无符号整数
ToUInt64(Int32)	将指定的 32 位有符号整数的值转换为等效的 64 位无符号整数
ToUInt64(Int64)	将指定的 64 位有符号整数的值转换为等效的 64 位无符号整数
ToUInt64(Object)	将指定对象的值转换为 64 位无符号整数
ToUInt64(SByte)	将指定的 8 位有符号整数的值转换为等效的 64 位无符号整数
ToUInt64(Single)	将指定的单精度浮点数的值转换为等效的 64 位无符号整数
ToUInt64(String)	将指定字符串转换为等效的 64 位无符号整数
ToUInt64(UInt16)	将指定的 16 位无符号整数的值转换为等效的 64 位无符号整数
ToUInt64(UInt32)	将指定的 32 位无符号整数的值转换为等效的 64 位无符号整数
ToUInt64(UInt64)	返回指定的 64 位无符号整数；不执行任何实际的转换

2.2 常 量

常量就是指在程序整个生命周期内值始终不变的量。声明常量时，要用到 const 关键字。常量在使用的过程中，不可以对其进行赋值，否则系统会自动报错。

常量声明的基本语法为：

[private/public/internal/protected]const[int/double / long / bool / string /……] VariableName;

下面是一个具体的声明常量的例子：

private const double PI=3.1415926;

例 2.2 输入圆的半径，求圆的面积。

程序代码：

```
using System;
using System.Collections.Generic;
```

```
using System.Linq;
using System.Text;
namespace AreaOfCircle
{
    class CircleArea
    {
        private const double PI = 3.1415927;
        static void Main(string[] args)
        {
            double r;
            double area;
            do
            {
                Console.WriteLine("输入圆的半径：");
                r = Convert.ToDouble(Console.ReadLine());
                if (r < 0)
                {
                    r = -r;
                }
                area = PI * r * r;
Console.WriteLine("你输入的圆的半径是{0}，根据你输入的半径所求的面积为{1}", r, area);
            } while (r != 0);
            Console.ReadLine();
        }
    }
}
```

最后介绍一种最常用的常量：字符串常量，就是双引号括起来的部分，如“abcdef”。双引号括起来的字符串可以包含转义字符，如“\n”，“\t”等。转义字符如表 2.3 所示。

表 2.3　转义字符

转义序列	字符名称	Unicode 编码
\'	单引号	0x0027
\"	双引号	0x0022
\\	反斜杠	0x005C
\0	Null	0x0000
\a	警报	0x0007
\b	Backspace	0x0008
\f	换页	0x000C

续表 2.3

转义序列	字符名称	Unicode 编码
\n	换行	0x000A
\r	回车	0x000D
\t	水平制表符	0x0009
\U	代理项对的 Unicode 转义序列	\Unnnnnnnn
\u	Unicode 转义序列	\u0041 = "A"
\v	垂直制表符	0x000B
\x	Unicode 转义序列类似于"\u"，只是长度可变	\x0041 = "A"

2.3 表达式

在 C#中，表达式是由运算符、变量以及标点符号依据一定法则组合创建起来的。运算符的范围非常之广泛，简单的、复杂的都有。

在 C#中，“运算符”是一个术语或符号，它接受一个或多个表达式（即“操作数”）作为输入并返回值。接受一个操作数的运算符称为“一元”运算符，例如增量运算符(++)或 new。接受两个操作数的运算符称为“二元”运算符，例如算术运算符+、-、*、/。条件运算符“?:”接受三个操作数，是 C#中唯一的一个三元运算符。

下面 C#语句包含一个一元运算符和一个操作数。增量运算符 ++ 修改操作数 y：

```
int y=1;
y++;
```

此时 y 的值就变为了 2，表达式 y++可以解释为 y=y+1。

表达式++i 与 i++的含义不同，以下例子简单明了地解释它们之间的区别。

```
int i=1;
int j;
j=++i;
```

此程序运行结果是：j=2；

```
int i=1;
int j;
j=i++;
```

此程序运行的结果是：j=1；

通过对以上两个简单程序进行对比，我们可以得知表达式 i++是先赋值，后进行自身运算。而++i 正好是相反的，即先进行自身运算，而后再赋值。

下面的 C#语句包含两个二元运算符，它们分别有两个操作数。赋值运算符 “=” 将一个整数 y 和一个表达式 2+3 作为操作数。表达式 2+3 本身又包含加运算符，并使用整数值 2 和 3 作为操作数：

```
y = 2 + 3;
```

在计算表达式时，编译器首先从左向右计算所有操作数。当计算完所有操作数之后，按照称为“运算符优先级”的特定顺序计算运算符。根据运算符执行的操作类型可将运算符划分到不同的类别中，并按优先级顺序列出，如表 2.4 ~ 2.11 所示。

表 2.4　主要运算符

表达式	说　明
x .y	成员访问
f (x)	方法和委托调用
a [x]	数组和索引器访问
x ++	后递增
x --	后递减
new T(...)	对象和委托创建

表 2.5　一元运算符

表达式	说　明
!x	逻辑求反
~x	按位求反
++x	前递增
--x	前递减
(T)x	将 x 显式转换为类型 T

表 2.6　乘法运算符

表达式	说　明
x*y	乘法
x/y	除法
x%y	余数

注意：在使用除法运算符时，默认的返回值类型与精度最高的操作数类型相同。比如，5/2 的结果是 2，而 5.0/2 的结果是 2.5。如果两个整数类型的变量相除又不能整除的话，返回的结果是不大于相除之值的最大整数。取余运算符用来求除法的余数，在 C#语言中，求模运算既适用于整数类型，也同样适用于浮点型。如 7%3 的结果为 1，7%1.5 的结果为 1。

表 2.7　加法运算符

表达式	说　明
x + y	相加、字符串串联
x - y	相减

注意："+" 在不同情况下，有不同的意思。

表 2.8　关系和类型运算符

表达式	说　明
x < y	小于
x > y	大于
x <= y	小于或等于
x >= y	大于或等于

续表 2.8

表达式	说　明
x is T	如果 x 为 T，则返回 True；否则返回 False
x as T	返回类型为 T 的 x，如果 x 不是 T，则返回 null

表 2.9　相等运算符

表达式	说　明
x == y	等于
x != y	不等于

注意："=="与赋值运算符"="的区别。

表 2.10　赋值和匿名运算符

表达式	说　明
=	赋值
x op= y	复合赋值，支持的运算符包括：+=、-=、*=、/=
(T x) => y	匿名函数（lambda 表达式）

表 2.11　逻辑、条件运算符

类别	表达式	说　明
逻辑"与"	x & y	整型按位"与"，布尔型逻辑"与"
逻辑"异或"	x ^ y	整型按位"异或"，布尔型逻辑"异或"
逻辑"或"	x| y	整型按位"或"，布尔型逻辑"或"
条件"与"	x && y	仅当 x 为 True 时计算 y
条件"或"	x || y	仅当 x 为 False 时计算 y
条件	x ?: y : z	如果 x 为 True 则计算结果为 y，如果 x 为 False 则计算结果为 z

当表达式中出现两个具有相同优先级的运算符时，将根据结合性计算它们。左结合运算符按从左到右的顺序计算。例如，x * y / z 计算为(x * y) / z。右结合运算符按从右到左的顺序计算。赋值运算符和三元运算符(?:) 是右结合运算符。其他所有二元运算符都是左结合运算符。

可以将表达式用括号括起来强制在计算其他任何表达式之前计算该表达式。例如，2 + 3 *2 通常值为 8。这是因为乘法运算符的优先级高于加法运算符。若将该表达式写为(2 + 3) * 2 形式，则结果是 10，因为它指示 C#编译器必须在计算乘法运算符*之前计算加法运算符+。

2.4　数据类型

在 C#语言中，数据类型可以分为两大部分：值类型（value type）和引用类型(reference type)。

2.4.1　值类型

值类型变量存放的是数据本身，引用变量存储的是数据的引用。

在 C#中，值类型可以分为：简单类型（Simple Types）；结构类型（struct Types）；枚举类型（Enumeration Types）。

1. 简单类型

简单类型可以分为整数类型、布尔类型、字符类型和实数类型。

（1）整数类型。整数类型，顾名思义，就是变量的值为整数的值类型，但计算机语言中的整数跟数学上的整数在定义上有点差别，这是由计算机的存储单元有限导致的。C#语言中的整数类型分为 9 类：短字节型(sbyte)、字节型(byte)、短整型(short)、无符号短整型(ushort)、整型(int)、无符号整型(uint)、长整型(long)、无符号长整型(ulong)、大整数类型(bigInteger)。一些变量名称前面的“u”是“unsigned”的缩写，表示不能在这些类型的变量中存储负号。这些不同的整数类型可用于存储不同范围的数值，占用不同的内存空间。

（2）布尔类型。在 C#语言中，布尔类型只有 2 类，即“true”与“false”。在编写应用程序的逻辑流程时（通俗地讲，就是在判断某条件是否符合逻辑），布尔型的变量有着非常重要的分支作用。

（3）字符类型。字符包括数字字符、英文字母、表达符号等。C#提供的字符类型按照国际上公认的标准，采用 unicode 字符集。

（4）实数类型。在 C#中，实数类型分为单精度（float）、双精度（double）和十进制类型（decimal），它们的差别在于取值范围和精度。计算机对实数的运算速度大大低于对整数的运算。在对精度要求不高的计算中，通常可以采用单精度型，而采用双精度的结果将更为精确。decimal 类型主要方便在金融和货币方面的计算。

2. 结构类型

一个结构类型可以声明构造函数、常数、字段、方法、属性、索引、操作符和嵌套类型。尽管列出来的功能看起来像一个成熟的类，但是在 C#中，结构和类的区别在于：结构是一个值类型，而类是一个引用类型。使用结构的目的在于创建小型的对象，这样可以节省内存，因为结构没有对象所需要的额外的引用产生。

定义结构和定义类几乎是完全一样的，具体见下面的例子。

```
struct myColor
{
  public int Red;
  public int Green;
  public int Blue;
}
```

到目前为止，可以看到这个声明很像一个类，下面来使用所定义的这个结构：

```
myColor mc;
mc. Red=255;
```

mc. Green=0;

mc. Red=0;

mc 就是一个 myColor 结构类型的变量。

3. 枚举类型

枚举（Enum）实际上是为一组在逻辑上密不可分的整数值提供便于记忆的符号。当用户希望变量提取的是一个固定集合中的值时，就可以使用枚举。例如，可以定义一个代表手机的枚举类型。

```
enum MobilePhone
{ Nokia , MotoRola , TCL, LG, Bird, NEC, Apple};
```

这时就可以声明 MobilePhone 这个枚举类型的变量：

```
    MobilePhone mp;
```

例 2.3 枚举类型的加法运算。

程序代码：

```
using System;
using System.Collections.Generic;
using System.Linq;
using System.Text;

namespace SumOfEnum
{
    class Program
    {
        //定义枚举 Enum
        enum Weekday { Sunday, Monday, Tuesday, Wednesday, Thursday, Friday, Saturday };
        static void Main(string[] args)
        {
            Weekday w1 = Weekday.Monday;
            Weekday w2 = Weekday.Wednesday;
            Weekday w3 = w1 +3;
            Console.WriteLine(w1);
            Console.WriteLine(w2);
            Console.WriteLine(w3);
            Console.ReadLine();

        }
    }
}
```

2.4.2 引用类型

C#除支持值类型外，还支持引用类型。大家可以将引用类型视作类型安全的指针。一个具有引用类型（reference type）的数据并不驻留在栈内存中，而是存储于堆内存中。

C#中的引用类型有 4 种：类；数组；委托；接口。这 4 种引用类型将在以后的章节里会详细介绍。

2.4.3 C#数据类型总结

（1）C#中数据类型图如图 2.1 所示。

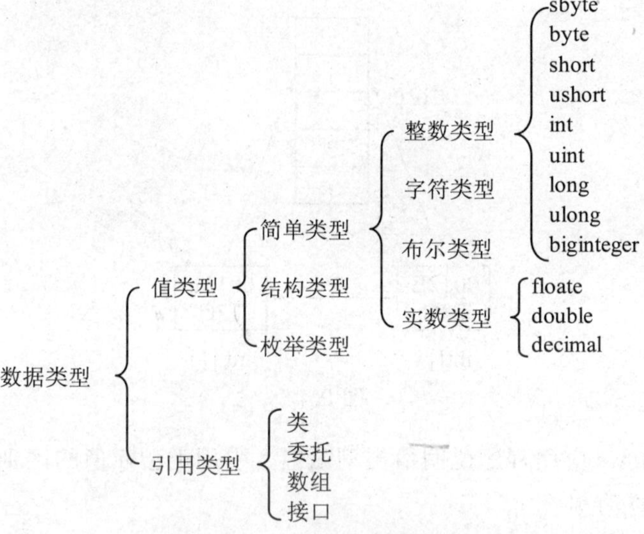

图 2.1　数据类型图

（2）值类型与引用类型的示意图。

若有以下语句：

```
int i=123;
int[]i={1,2,3}
```

则值类型与引用类型示意图如图 2.2 所示。

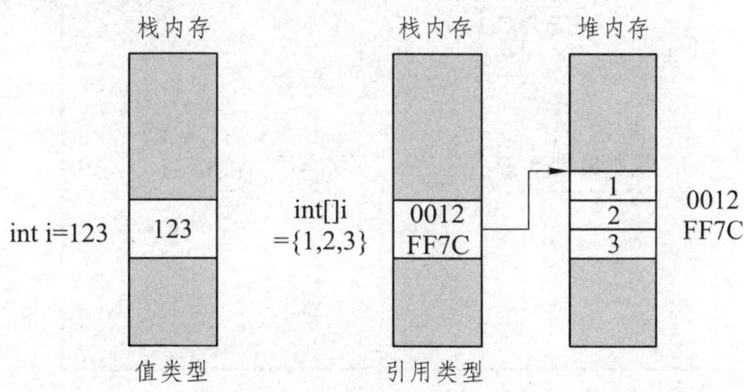

图 2.2　值类型和引用类型

这里的“0012FF7C”就是引用！说通俗一点，就是 16 进制表示的内存地址。

（3）值类型与引用类型赋值。

值类型赋值：int i=123;int j=i;　i 和 j 是两个独立的变量。其效果如图 2.3 所示。

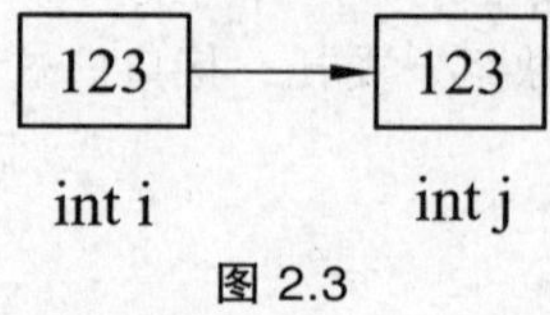

图 2.3

引用类型赋值：int[] i={1,2,3};　int[] j=i; 由于赋的是地址，i 和 j 实质上指向的是同一个数组。效果如图 2.4 所示。

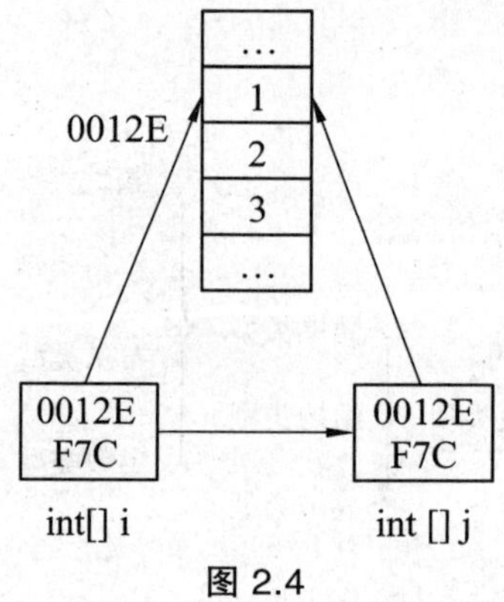

图 2.4

例 2.4　用 Windows 应用程序说明值类型赋值、引用类型赋值的区别？

界面设计如图 2.5 所示。

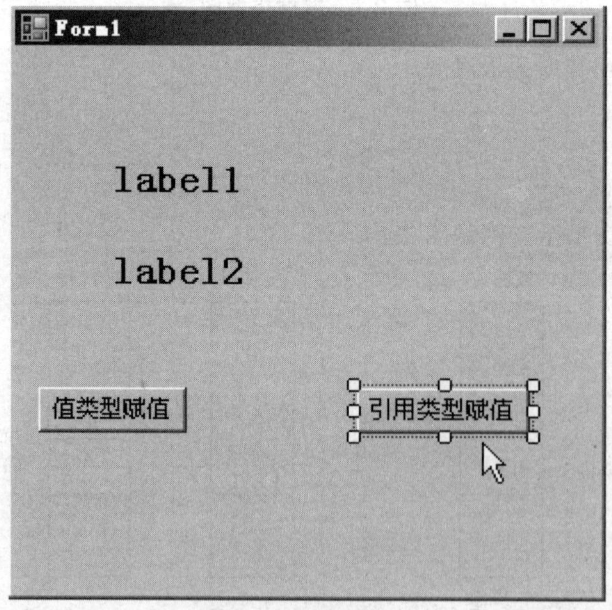

图 2.5　界面设计

程序代码：

```
using System;
using System.Collections.Generic;
using System.ComponentModel;
using System.Data;
using System.Drawing;
using System.Text;
using System.Windows.Forms;

namespace WindowsApplication1
{
    public partial class Form1 : Form
    {
        public Form1()
        {
            InitializeComponent();
        }

        private void button1_Click(object sender, EventArgs e)
        {
            int i = 123;
            int j = i;
            j = 456;
            label1.Text = i.ToString();
            label2.Text = j.ToString();
        }

        private void button2_Click(object sender, EventArgs e)
        {
            int[] i ={ 1, 2, 3 };
            int[] j = i;
            j[0] = 4;
            label1.Text = i[0].ToString();
            label2.Text = j[0].ToString();
        }
    }
}
```

运行效果如图 2.6 所示：

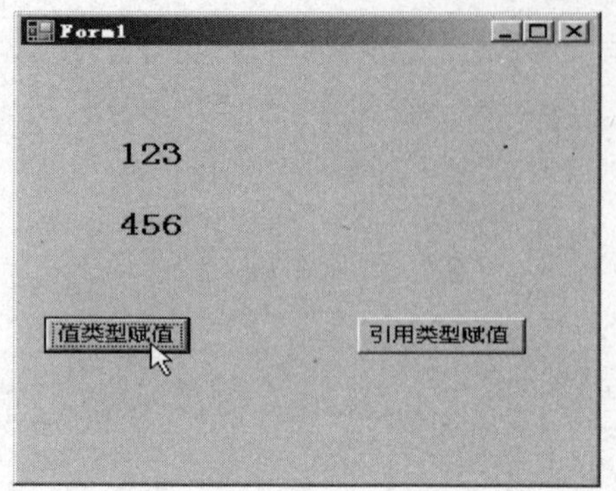

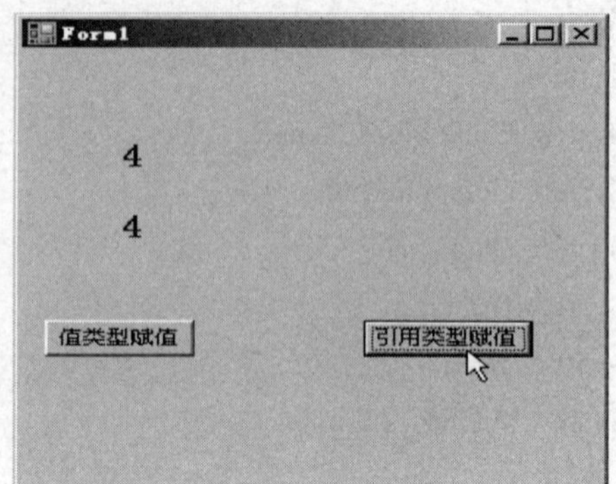

图 2.6

（4）值类型与引用类型差异。

值类型与引用类型差异如表 2.12 所示。

表 2.12　值类型与引用类型差异表

	值类型	引用类型
变量中存放	真正的数据	指向数据的引用指针
内存空间分配	堆栈（Stack）	托管堆（Managed Heap）
内存需求	一般来说较少	较大
执行效能	较快	较慢
内存释放时间点	执行超过定义变量的作用域	由回收站负责回收
可以为 null	不可	可以

习题二

1. 编写以下控制台应用程序，并填空。

程序代码如下：

```
using System;
using System.Collections.Generic;
using System.ComponentModel;
using System.Data;
using System.Drawing;
using System.Linq;
using System.Text;
using System.Windows.Forms;
namespace lx1
{
class Program
```

```
{
static void Main(string[] args)
        {
            int m, n, i, j, s= 0;
            Console.WriteLine("请输入 m,n 的值");
            m = Convert.ToInt32(Console.ReadLine ());
            n = int.Parse(Console.ReadLine());
            if (m < n)
                i = m;
            else
                i = n;
            for (j = i; j > 0; j++)
    if (j % m == 0 && j % n == 0)
                {
                    s = j;
                    break;
                }
            Console.WriteLine("{0}", s);
        }
}
}
```

若从键盘上分别输入 4 和 6，则程序最终的输出结果是______12________。

第 3 章　流程控制

本章要点：C#中选择控制语句（if 语句、Switch 语句）的类型；几种循环结构（do 循环语句、while 循环语句、for 循环语句、foreach 语句）的定义、使用以及特点；几种跳转语句（break 语句、continue 语句、goto 语句、return 语句）的使用。

3.1　选择结构控制语句

3.1.1　if 语句

if 语句有 3 种基本形式：单条选择、如果/否则、多情形选择。

1. 单条选择 if 语句

单条选择的 if 语句是最简单的 if 语句，基本语法如下：

```
if ( boolean expression )
{
…;
}
```

该语句必须以关键字 if 开始，之后的括号内为布尔表达式。表达式必须计算出一个 true 或者 false 值。若为 true，则执行 if 后面的大括号中的语句。否则，就跳过这些大括号中的语句。

2. 如果/否则 if 语句

如果/否则 if 语句的基本语法如下：

```
if ( boolean expression )
{
  表达式 A;
}
else
{
  表达式 B;
}
```

这条语句与第一种很类似，若 if 语句后面括号内的值为 true，则执行表达式 A。否则就执行表达式 B。

例 3.1　对一个浮点数进行四舍五入。

新建一个控制台应用程序，名称为 ifelseProgram。

程序代码如下：

```
using System;
using System.Collections.Generic;
using System.Linq;
using System.Text;

namespace ifelseProgram
{
    class Program
    {
        static void Main(string[] args)
        {
            double x;
            double y=0;
            Console.WriteLine("请输入一个浮点数：");
            x = Convert.ToDouble(Console.ReadLine());
            if (x - (int)x > 0.5)
            {
                y = (int)x + 1;
            }
            else
            {
                y = (int)x;
            }
            Console.WriteLine("{0}经过四舍五入后的结果是：{1}",x,y);
            Console.ReadLine();
        }
    }
}
```

程序运行结果：

```
file:///C:/Documents and Settings/Administrator/桌面/U盘工作空间？？？/教材资料集/...
请输入一个浮点数：
3.6
3.6经过四舍五入后的结果是：4
```

3. 多情形选择的 if 语句

多情形选择的 if 语句实际上是第 2 种形式的嵌套。从整体上看是一条语句。基本语法为：

if (boolean expression1)

```
{
   语句 A;
}
else if ( boolean expression2 )
{
   语句 B;
}
else if ( boolean expression3 )
{
   语句 C;
}
…………
else
{
    语句 N;
}
```

在程序执行时，首先判断 if 语句后面括号中的 expression1，若值为 true，则执行 A 语句；若值为 false，则判断 else if 语句后面的 expression2，若为 true，就执行 B 语句；否则就继续向下，若到最后的 else 语句之前还没有遇到表达式为 true，就要执行 else 语句后面大括号中的语句 N 了。其实整个过程就是层层筛选，越筛选到后面范围越小。用饼图示意如图 3.1 所示。

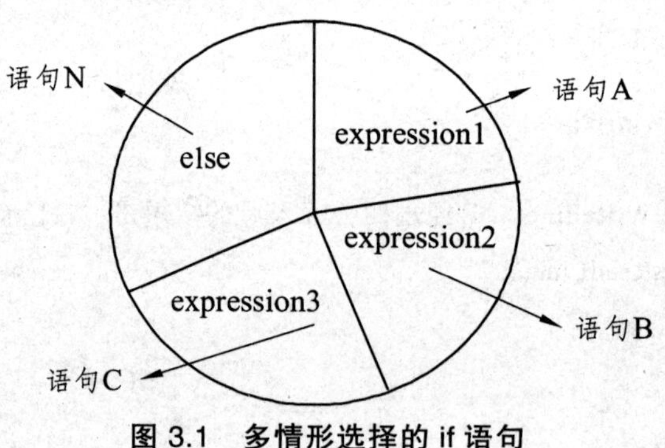

图 3.1 多情形选择的 if 语句

3.1.2 switch 语句

switch 语句非常类似于 if 语句，因为它也是根据测试的值来有条件地执行代码。实际上，每一个由 switch 语句组成的代码，都可以用 if 语句进行改写。但是，switch 语句也有它特殊之处，它可以一次将测试变量与多个值进行比较，而不仅仅是测试一个条件。这种测试仅限于离散值，而不是像“小于 10”这样的子句。

switch 语句的基本语法为：

```
switch (switch_expression)
{
  case   value1 :
          statement1;
          break;
  case   value2 :
          statement2;
          break;
          …
   case   valueN :
          statement N;
          break;
     [default: ]
statement N+1;
          break;

}
```

要记住两个主要规则：首先，switch_expression 必须是（或者能够隐式地转换为）sbyte、byte、short、ushort、int、uint、long、ulong、char、string 类型或者在这些类型上的一个枚举。其次，必须为每个 case 语句添加一个 break 语句。在执行 switch 语句的过程中，先把 switch 后面括号内的表达式 switch_expression 依次与 case 后面的表达式进行比较，如果遇到匹配的，则执行该匹配提供的语句。如果没有匹配的，就执行 default 部分中的代码。break 语句的作用是中断当前 switch 语句的运行，转去执行该结构后面的语句。若程序没有 break 这个关键字，则会发生意想不到的错误。

switch 语句的控制流程图如图 3.2 所示。

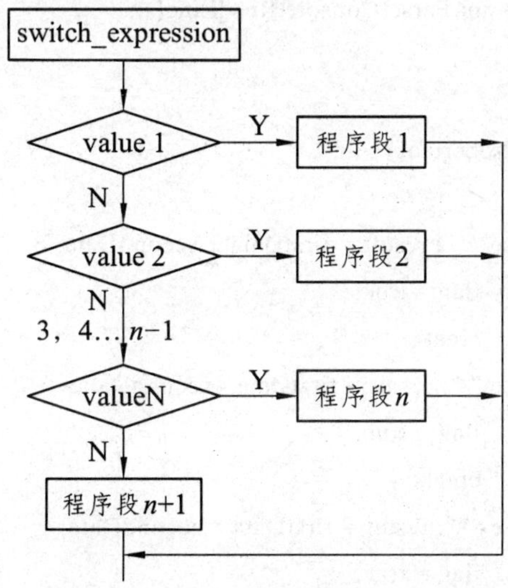

图 3.2 switch 语句的控制流程图

思考：上面这个控制流程图与多情形选择的 if 语句的控制流程是不是一样？

事实上，从逻辑上看，两者并没有什么区别。

例 3.2 从键盘中一次输入 2 个操作数（整数）以及一个算术运算符（+，-，*，/ 之一），计算其结果。

新建一个控制台应用程序 switchExample，代码如下：

```
using System;
using System.Collections.Generic;
using System.Linq;
using System.Text;
namespace switchExample
{
    class Program
    {
        static void Main(string[] args)
        {
            int firstData;
            int secondData;
            string sopertaor;
            double result=0;
            bool flag=false;
            Console.WriteLine("请输入第 1 个数：");
            firstData = int.Parse( Console.ReadLine());
    Console.WriteLine("请输入运算符号，必须是加（+）、减（-）、乘（*）、除（/）中的一种");
            sopertaor = Console.ReadLine().Trim();
            Console.WriteLine("请输入第 2 个数：");
            secondData = int.Parse(Console.ReadLine());
            do
            {
                switch (sopertaor)
                {
                    case "+": result = firstData + secondData;
                        flag = true;
                        break;
                    case "-": result = firstData - secondData;
                        flag = true;
                        break;
                    case "*": result = firstData * secondData;
                        flag = true;
                        break;
```

```
                    case "/":
                        if (secondData == 0)
                        {
                            Console.WriteLine("除数不能为 0，请重新输入除数：");
                            secondData = int.Parse(Console.ReadLine());
                        }
                        else
                        {
                            result = firstData / secondData;
                            flag = true;
                        }

                        break;
                    default: Console.WriteLine("运算符输入错误！请重新输入运算符");
                        sopertaor = Console.ReadLine().Trim();
                        break;
                }
            } while (flag == false);
        Console.WriteLine("{0}{1}{2}的结果{3}",firstData,sopertaor,secondData,result);
            Console.ReadLine();
        }
    }
}
```

程序运行结果：

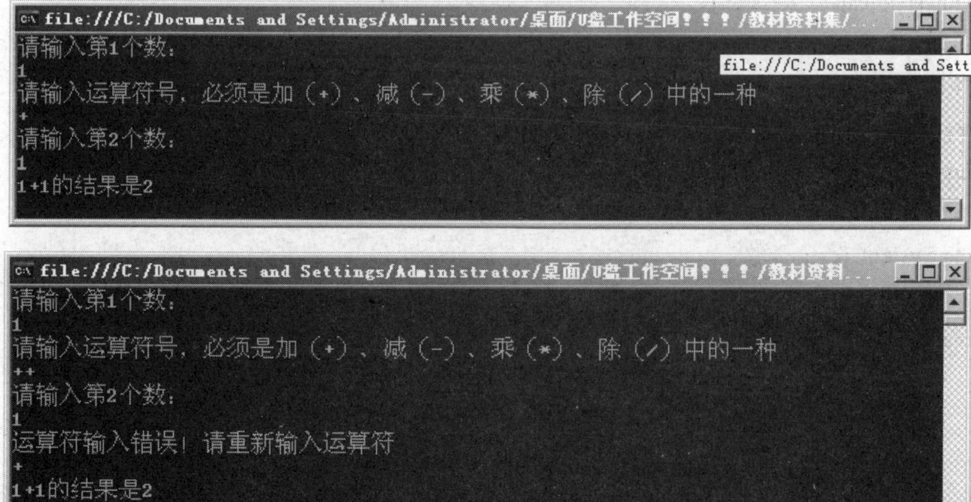

练习：把这道题用多情形选择的 if 语句来进行改写，要求功能不变。

3.2 循环结构

循环结构可以实现一个程序模块的重复执行，它对于用户简化程序，更好地组织算法有着重要的意义。C#为用户提供了若干种循环语句，分别适用于不同的情形，下面依次介绍。

3.2.1 while 循环

while 循环语句可以有条件地将内嵌语句执行 0 遍或者若干遍，基本语法为：

```
while ( boolean expression )
{
    embeded-statement;
}
```

while 循环语句执行时，先判断 while 后面括号内的语句的值，当为 false 时，不执行大括号内的嵌入程序段，若为 true 时，进入循环，执行循环内程序段一遍后，再次判断条件是否满足，若满足就一直执行下去，一直到不满足为止，跳出循环，继续后面的语句。

3.2.2 do-While 循环

程序中使用 do-While 循环时，第一次不检查条件是否满足，直接进入循环，第二次以后才检查条件是否满足，条件为 true 时，才能进入循环。

do-While 循环的基本语法格式为：

```
do
{
        embeded-statement;
} while(boolean expression);
```

例 3.3 使用 do-While 循环，求输入任意大于 0 的整数阶乘。

程序代码：

```
using System;
using System.Collections.Generic;
using System.Linq;
using System.Text;

namespace doExample
{
    class Program
    {
        static void Main(string[] args)
        {
```

```
            Console.WriteLine("请输入一个大于 0 的整数：");
            int a = int.Parse(Console.ReadLine());
            int y = a;
            int result = 1;
            do
            {
                result *= y;
                y--;
            } while (y > 0);
            Console.WriteLine("{0}的阶乘是{1}",a,result);
            Console.ReadLine();
        }
    }
}
```

单击"调试"/"逐语句"，或者直接按 F11，然后继续按 F11……，可以清楚看到 do-While 循环的执行流程。程序运行结果如下：

3.2.3　for 循环

在程序设计过程中，若希望从某个值开始，每执行指定的程序段一次，便将该数值增加（减少）一个单位，如果始终比终值小（大），便继续执行该程序段，一直到不满足终值才离开该程序段。这时就可以使用 for 循环语句。

for 循环语句的基本语法为：

```
for（initializer;condition;iterator）
{
    statement;
}
```

其中 initializer、condition、iterator 这 3 项都是可选项。initializer 为初始化循环控制变量，循环控制变量可以有一个或多个（用逗号隔开）；condition 为循环控制条件，也可以有一个或者多个语句；iterator 为按规律改变循环控制变量的值。

例 3.4　使用 for 循环语句，写一个冒泡排序法（从小到大排列）。

算法思想：什么是"泡"？如何找到"泡"？怎么"冒泡"？

什么是"泡"：即一组数中，最大的一个数，通俗的叫做"泡"。如 3，7，6，5 四个数中，7 就是"泡"。

如何找到"泡"：按从左到右的顺序，把相邻两个数进行比较，如果前面一个数大于后面一个数则进行交换，反之不交换。比较到最右端结束，最右边这个数就是“泡”！整个过程：3→←7，不交换，结果 3，7，6，5；7→←6，交换，结果 3，6，7，5；7→←5，交换，结果 3，6，5，7。最右边的数 7 就是“泡”。（想一想为什么？道理其实很简单的。）

怎么“冒泡”：找到 7 这个“泡”后，“泡”的位置就固定了下来，“泡”就不再参与排序了，只有剩下的三个数 3、6、5 再次排序。由于排除了 7 这个“泡”，通俗地说就是“冒泡”。这个“冒泡”的过程还要重复两次：第二次冒的“泡”为 6，只有剩下的 3、5 排序；第三次冒的“泡”为 5，最后剩下的就是 3，即最小的数，位置也在最左边，四个数的顺序就由小到大了。

程序代码 ：

```
using System;
using System.Collections.Generic;
using System.Linq;
using System.Text;
namespace forExampleMP
{
    class Program
    {
        static void Main(string[] args)
        {
            int[] myArray = new int[] {3, 7, 6, 5 };
            //冒泡法
            for (int j = 1; j < myArray.Length; j++)
            {
                for (int i = 0; i < myArray.Length - j; i++) //此处的【 - j 】就实现了 “冒泡”
                {
                    // 如果 myArray[i] > myArray[i+1] ，则 myArray[i] 上浮一位
                    if (myArray[i] > myArray[i + 1])
                    {
                        int temp = myArray[i];
                        myArray[i] = myArray[i + 1];
                        myArray[i + 1] = temp;
                    }
                } //此处设置断点，观察局部变量的值，可以见证排序的过程。
            }
 Console.WriteLine("冒泡法排序后结果是：");
            for (int k = 0; k < myArray.Length; k++)
            {
                Console.Write(myArray[k].ToString()+",");
            }
```

```
            Console.ReadLine();
        }
    }
}
```

设置断点，见证排序过程：鼠标对准内层 for 循环结尾的}这一行的最左边单击，会出现一个红色的小球，即断点（如果再次单击，则断点取消），如图 3.3 所示。。然后按“启动调试（F5）”，每按一次，程序就会执行并在断点处暂停下来，为方便程序员观察中间结果，这里观察局部变量的值变化如图 3.4 所示。

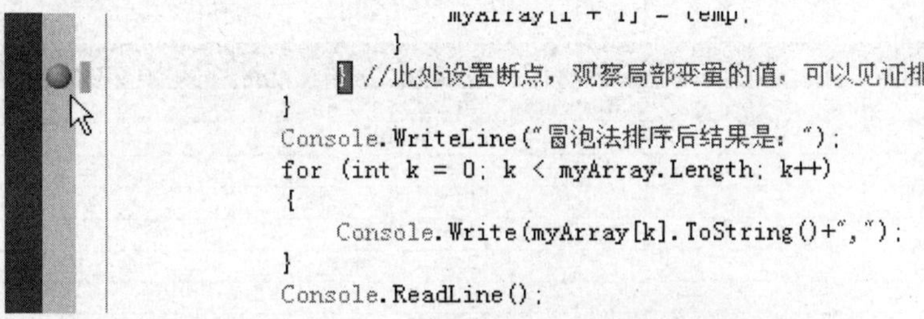

```
                    myArray[i + 1] = temp;
                }
            } //此处设置断点，观察局部变量的值，可以见证排序的过程。
        }
        Console.WriteLine("冒泡法排序后结果是：");
        for (int k = 0; k < myArray.Length; k++)
        {
            Console.Write(myArray[k].ToString()+",");
        }
        Console.ReadLine();
```

图 3.3　设置断点

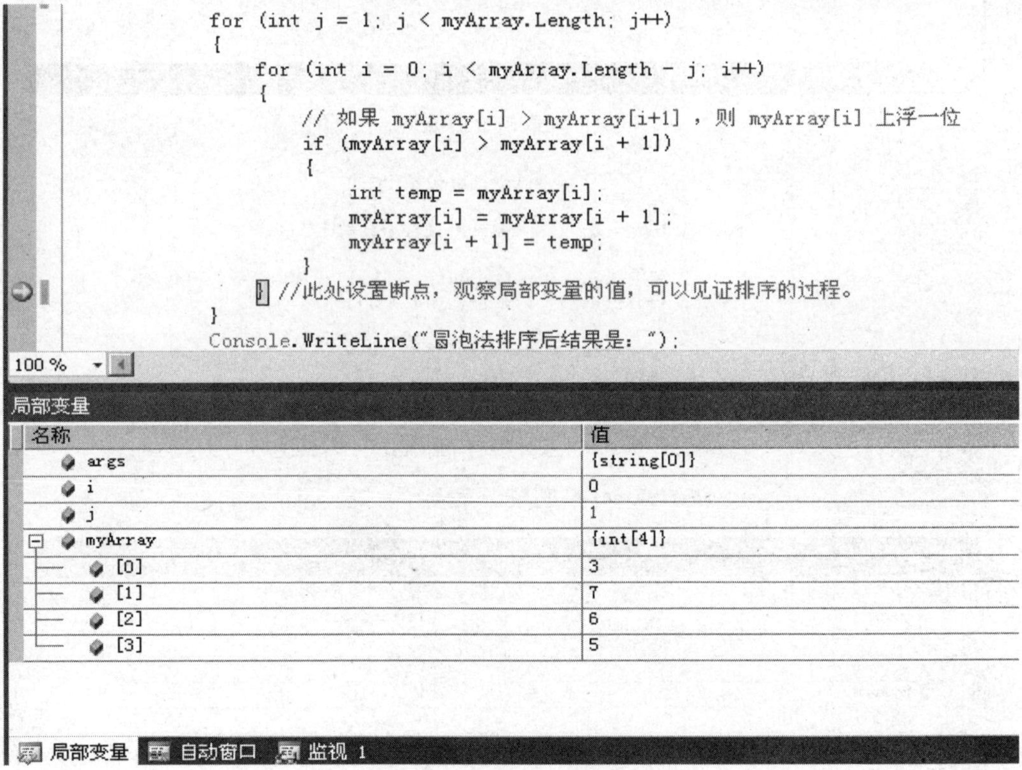

```
        for (int j = 1; j < myArray.Length; j++)
        {
            for (int i = 0; i < myArray.Length - j; i++)
            {
                // 如果 myArray[i] > myArray[i+1] ，则 myArray[i] 上浮一位
                if (myArray[i] > myArray[i + 1])
                {
                    int temp = myArray[i];
                    myArray[i] = myArray[i + 1];
                    myArray[i + 1] = temp;
                }
            } //此处设置断点，观察局部变量的值，可以见证排序的过程。
        }
        Console.WriteLine("冒泡法排序后结果是：");
```

100 %

局部变量

名称	值
args	{string[0]}
i	0
j	1
myArray	{int[4]}
[0]	3
[1]	7
[2]	6
[3]	5

局部变量　自动窗口　监视 1

（a）第一次断点

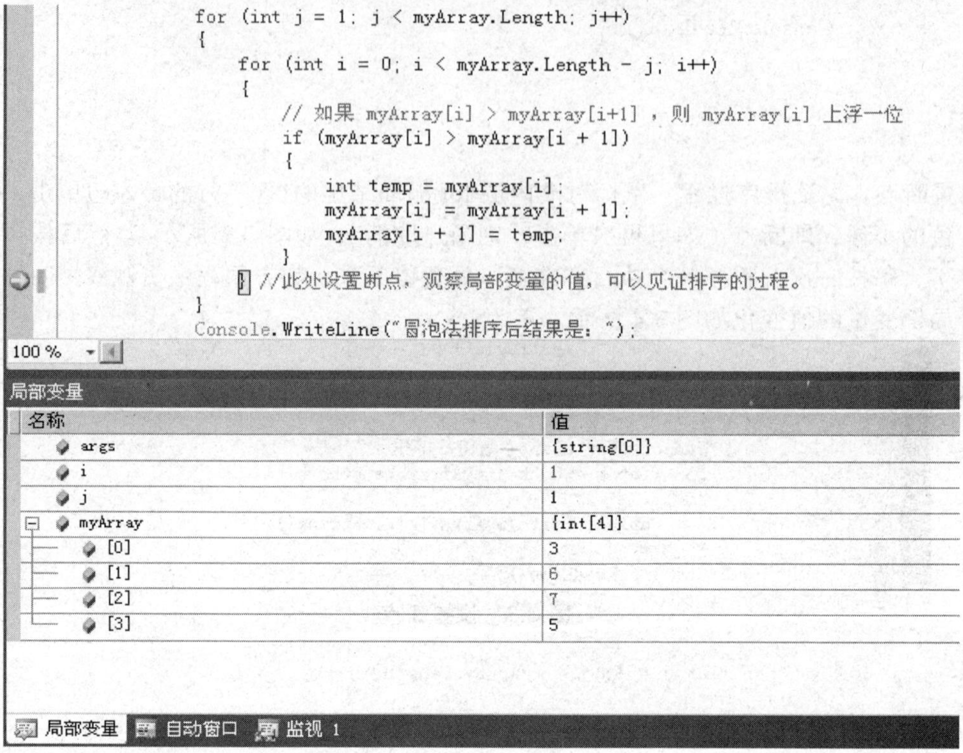

```
for (int j = 1; j < myArray.Length; j++)
{
    for (int i = 0; i < myArray.Length - j; i++)
    {
        // 如果 myArray[i] > myArray[i+1] ，则 myArray[i] 上浮一位
        if (myArray[i] > myArray[i + 1])
        {
            int temp = myArray[i];
            myArray[i] = myArray[i + 1];
            myArray[i + 1] = temp;
        }
    } //此处设置断点，观察局部变量的值，可以见证排序的过程。
}
Console.WriteLine("冒泡法排序后结果是：");
```

100 %

局部变量

名称	值
args	{string[0]}
i	1
j	1
myArray	{int[4]}
[0]	3
[1]	6
[2]	7
[3]	5

局部变量 自动窗口 监视 1

（b）第二次断点

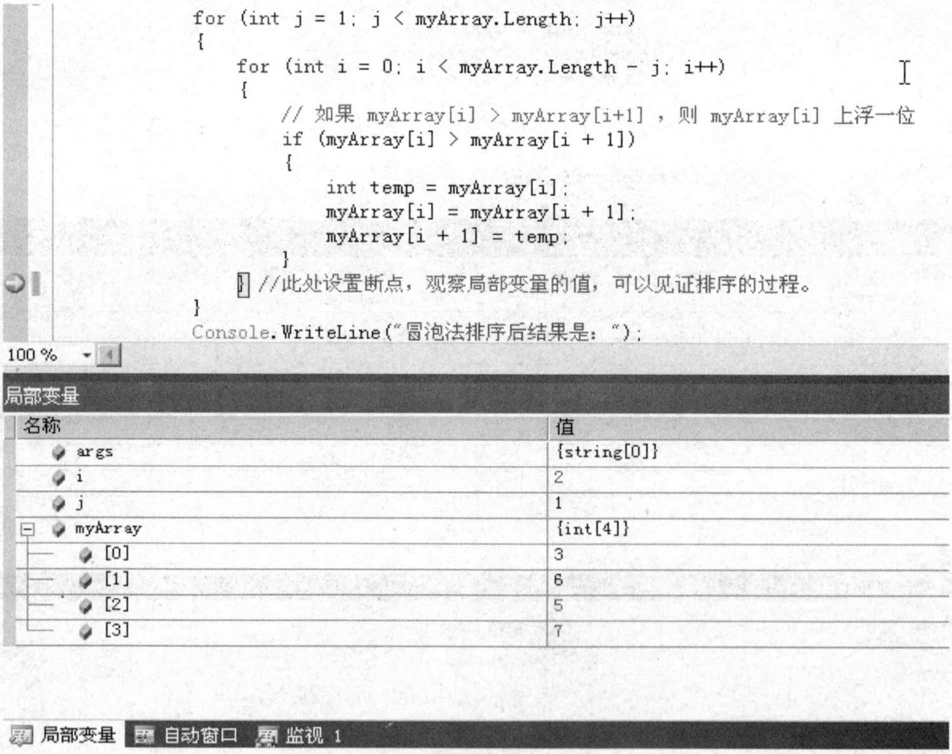

```
for (int j = 1; j < myArray.Length; j++)
{
    for (int i = 0; i < myArray.Length - j; i++)
    {
        // 如果 myArray[i] > myArray[i+1] ，则 myArray[i] 上浮一位
        if (myArray[i] > myArray[i + 1])
        {
            int temp = myArray[i];
            myArray[i] = myArray[i + 1];
            myArray[i + 1] = temp;
        }
    } //此处设置断点，观察局部变量的值，可以见证排序的过程。
}
Console.WriteLine("冒泡法排序后结果是：");
```

100 %

局部变量

名称	值
args	{string[0]}
i	2
j	1
myArray	{int[4]}
[0]	3
[1]	6
[2]	5
[3]	7

局部变量 自动窗口 监视 1

（c）第三次断点

```
for (int j = 1; j < myArray.Length; j++)
{
    for (int i = 0; i < myArray.Length - j; i++)
    {
        // 如果 myArray[i] > myArray[i+1] ，则 myArray[i] 上浮一位
        if (myArray[i] > myArray[i + 1])
        {
            int temp = myArray[i];
            myArray[i] = myArray[i + 1];
            myArray[i + 1] = temp;
        }
    } //此处设置断点，观察局部变量的值，可以见证排序的过程。
}
Console.WriteLine("冒泡法排序后结果是：");
```

100 %

局部变量

名称	值
args	{string[0]}
i	0
j	2
myArray	{int[4]}
[0]	3
[1]	6
[2]	5
[3]	7

局部变量　自动窗口　监视 1

(d) 第四次断点

```
for (int j = 1; j < myArray.Length; j++)
{
    for (int i = 0; i < myArray.Length - j; i++)
    {
        // 如果 myArray[i] > myArray[i+1] ，则 myArray[i] 上浮一位
        if (myArray[i] > myArray[i + 1])
        {
            int temp = myArray[i];
            myArray[i] = myArray[i + 1];
            myArray[i + 1] = temp;
        }
    } //此处设置断点，观察局部变量的值，可以见证排序的过程。
}
Console.WriteLine("冒泡法排序后结果是：");
```

100 %

局部变量

名称	值
args	{string[0]}
i	1
j	2
myArray	{int[4]}
[0]	3
[1]	5
[2]	6
[3]	7

局部变量　自动窗口　监视 1

(e) 第五次断点

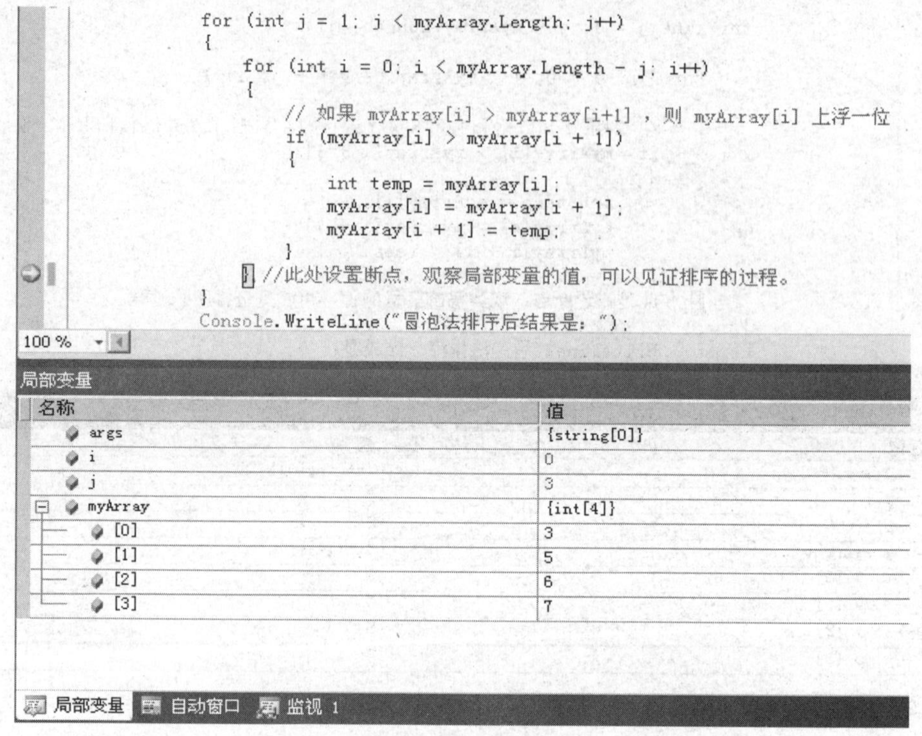

（f）第六次断点

图 3.4 设置断点观察局部变量值

程序运行结果如下：

```
file:///C:/Documents and Settings/Administrator/桌面/U盘工作空间! ! ! /教材资料集...
冒泡法排序后结果是：
3,5,6,7,
```

3.2.4 foreach 循环

foreach 语句是在 C#中新引入的，但在 C 和 C++中没有这个语句，而 Visual Basic 的程序员应该对它不陌生。它表示收集一个集合中的各元素，并针对各个元素执行内嵌语句。

foreach 语句的基本语法格式为：

```
foreach（type identifier in expression）
{
  statement;
}
```

首先，变量用来逐一存放数组元素内容，故该变量声明的类型要与数组元素的类型一致，且必须声明后才能使用；其次，数组内元素的个数决定了循环内程序段重复执行的次数；最后，每次进入循环，会依次将数组元素内容指定给变量，当所有元素都读完后，系统就会离开 foreach 循环。

例 3.5 使用 foreach 循环语句输出一个数组的所有元素值。

程序代码如下：

```
using System;
using System.Collections.Generic;
using System.Linq;
using System.Text;
namespace foreachExample
{
    class Program
    {
        static void Main(string[] args)
        {
            int index = 1;
string[] myArray = new string[6] { "Pirlo", "Ronaldo", "Beckham", "Kaka", "Owen", "Henry" };
            foreach (string arr in myArray)
            {
                Console.WriteLine("第{0}个球员的名字是：{1}",index++,arr);
            }
            Console.ReadLine();
        }
    }
}
```

单击“调试”/“逐语句”，或者直接按 F11，然后继续按 F11……，可以详细见证 foreach 循环的运行过程。程序运行结果如下：

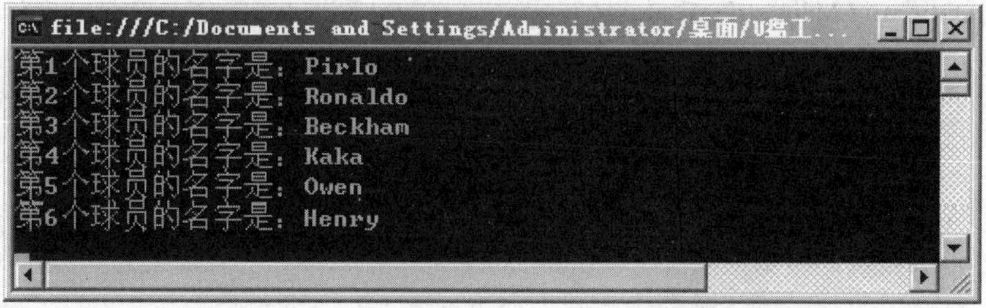

3.2.5 永真循环

永真循环是有用的。比如说，可以使用跳转语句（break 等）退出这样的循环，但是如果没有这样的语句，程序就会陷入死循环。

```
while (true)
{
    //statement;
```

```
}
```

3.3 跳转语句

在前面讨论的所有循环语句的循环体中，都可以使用跳转语句控制执行流。常用的跳转语句有：continue 语句、break 语句和 return 语句。

3.3.1 continue 语句

continue 翻译过来是继续的意思，即退出本次循环，继续下次循环。执行到 continue 语句时，continue 语句后的循环体将不再执行，然后程序会跳至循环的测试条件，继续下一次循环。continue 语句的语法极为简单，即：

continue;

例 3.6 输出 1-10 这 10 个数之间的奇数。

```
using System;
using System.Collections.Generic;
using System.Linq;
using System.Text;

namespace continue_example
{
    class Program
    {
        static void Main(string[] args)
        {
          int i = 1;
          while (i<= 10)
          {
           if (i % 2 == 0)
           {
            i++;
            continue;
            }
           Console.Write (i.ToString()+",");
           i++;
          }

        }
```

```
        }
    }
```

单击“调试”/“逐语句”，或者直接按 F11，然后继续按 F11……，当执行到 continue;语句时，可以清楚地看到程序跳转的过程。本程序的输出结果为：1，3，5，7，9，

3.3.2　break 语句

break 语句执行可退出 break 语句所在的本层循环。break 语句的语法极为简单，只要将以下语句放到循环体中即可：

break;

修改前面例 3.4，在内层 for 循环中添加 break;语句，然后单击“调试”/“逐语句”，或者直接按 F11，然后继续按 F11……，当执行到 break;语句时，可以清楚地看到程序跳转的过程。

```
static void Main(string[] args)
        {
            int[] myArray = new int[] {3, 7, 6, 5 };
            //冒泡法
            for (int j = 1; j < myArray.Length; j++)
            {
                for (int i = 0; i < myArray.Length - j; i++)
                {   if(i==1) break;          //此处添加 break;语句
                    // 如果 myArray[i] > myArray[i+1] ，则 myArray[i] 上浮一位
                    if (myArray[i] > myArray[i + 1])
                    {
                        int temp = myArray[i];
                        myArray[i] = myArray[i + 1];
                        myArray[i + 1] = temp;
                    }
                } //此处设置断点，观察局部变量的值，可以见证排序的过程。
            }
Console.WriteLine("冒泡法排序后结果是：");
            for (int k = 0; k < myArray.Length; k++)
            {
                Console.Write(myArray[k].ToString()+",");
            }
            Console.ReadLine();
        }
```

3.3.3 return 语句

return 语句是方法/函数级的，当方法/函数执行时遇到 return 语句，就会退出 return 语句所在的方法/函数。

修改前面**例** 3.4，在内层 for 循环中添加 return；语句，然后单击“调试”/“逐语句”，或者直接按 F11，然后继续按 F11……，当执行到 return;语句时，可以清楚地看到程序跳转的过程。

```
static void Main(string[] args)
        {
            int[] myArray = new int[] {3, 7, 6, 5 };
            //冒泡法
            for (int j = 1; j < myArray.Length; j++)
            {
                for (int i = 0; i < myArray.Length - j; i++)
                {   if(i==1) return;         //此处添加 return;语句
                    // 如果 myArray[i] > myArray[i+1] ，则 myArray[i] 上浮一位
                    if (myArray[i] > myArray[i + 1])            {
                        int temp = myArray[i];
                        myArray[i] = myArray[i + 1];
                        myArray[i + 1] = temp;
                    }
                } //此处设置断点，观察局部变量的值，可以见证排序的过程。
            }
Console.WriteLine("冒泡法排序后结果是：");
            for (int k = 0; k < myArray.Length; k++)
            {
                Console.Write(myArray[k].ToString()+",");
            }
            Console.ReadLine();
        }
```

习题三

1. 编写一个控制台应用程序，输入 0—100 的一个学生成绩分数，用 switch 语句（或者多情形选择的 if语句）输出成绩等级【成绩优秀(90-100)，成绩良好(80-89)，成绩中等(70-79)，成绩及格（60-69）和成绩不及格（59 以下）】。

程序代码如下：

```
using System;
```

```
using System.Collections.Generic;
using System.ComponentModel;
using System.Data;
using System.Drawing;
using System.Linq;
using System.Text;
using System.Windows.Forms;
namespace lx1
{
class Program
{
static void Main(string[] args)
        {
int score;
Console.WriteLine("请输入学生成绩");
score = int.Parse(Console.ReadLine());
score = score / 10;
switch (score)
{
case 10:
Console.WriteLine("成绩优秀");
break;
case 9:
Console.WriteLine("成绩优秀");
break;
case 8:
Console.WriteLine("成绩良好");
break;
case 7:
Console.WriteLine("成绩中等");
break;
case 6:
Console.WriteLine("成绩及格");
break;
default:
Console.WriteLine("成绩不及格");
break;
}
  }
}
}
```

2. 编写一个控制台应用程序，使用 if 语句嵌套实现如下函数：

$$y=\begin{cases} 1 & x>1 \\ 0 & x=0 \\ -1 & x<-1 \end{cases}$$

程序代码如下：

```
using System;
using System.Collections.Generic;
using System.ComponentModel;
using System.Data;
using System.Drawing;
using System.Linq;
using System.Text;
using System.Windows.Forms;
namespace lx2
{
class Program
{
static void Main(string[] args)
        {
            int x = Convert.ToInt32(Console.ReadLine());
            int y = 0;
            if (x >1)
                    { y = 1; Console.WriteLine("y 的值是:{0}", y);}
            else if (x ==0)
                        {y = 0; Console.WriteLine("y 的值是:{0}", y);}
            else if (x <-1)
                        {y = -1; Console.WriteLine("y 的值是:{0}", y);}
            else
                {Console.WriteLine("y 的值是不确定的");}

            Console.ReadLine();
        }
}
}
```

3. 编写一个控制台应用程序，使用 for 循环输出乘法小九九。

程序代码如下：

```
using System;
using System.Collections.Generic;
using System.ComponentModel;
```

```
using System.Data;
using System.Drawing;
using System.Linq;
using System.Text;
using System.Windows.Forms;
namespace lx3
{
class Program
{
static void Main(string[] args)
        {
            for (int line = 1; line <= 9; line++)
            {
                for (int i = 1; i <= line; i++)
                {
      Console.Write(i.ToString() + "*" + line.ToString() + "=" + (i * line).ToString() + " ");
                }
                Console.WriteLine();
            }
            Console.ReadLine();
        }
}
}
```

4. 编写一个控制台应用程序，求两个数的最大公约数。

程序代码如下：

```
using System;
using System.Collections.Generic;
using System.ComponentModel;
using System.Data;
using System.Drawing;
using System.Linq;
using System.Text;
using System.Windows.Forms;
namespace lx4
{
class Program
{
static void Main(string[] args)
        {
            int m, n, i, j, max = 0;
            Console.WriteLine("请输入 m 的值：");
```

```
            m = int.Parse(Console.ReadLine());
            Console.WriteLine("请输入 n 的值：");
            n = int.Parse(Console.ReadLine());
            if (m < n)
                i = m;
            else
                i = n;
            for (j = i; j > 0; j--)
                if (m % j == 0 && n % j == 0)
                {
                    max = j;
                    break;
                }
            Console.WriteLine("最大公约数是：{0}", max);
            Console.ReadLine();
        }
    }
}
```

第 4 章　数组与字符串

本章要点：几种数组的定义以及使用；字符串的定义以及使用。

4.1　一维数组

在 C#中，声明一维数组的语法是在类型后面放一对空的方括号，如下：

int[] numbers;

数组在被访问之前必须初始化，初始化有两种方式：可以由字面形式指定数组的完整内容；也可以先直接指定数组的大小，再使用关键字 new 初始化所有的数组元素。

int[] numbers={1，2，3，4，5}；

int[] numbers=new int[5]{1，2，3，4，5}；

当然，我们也可以使用已经赋值的变量来进行初始化，例如：

int a=3;

int[] numbers=new int[a];

数组的下标是从 0 开始的，所以上面那行所定义的数组包含 3 个元素：numbers[0]，numbers[1]以及 numbers[2]。

例 4.1　定义一个字符串数组，将几个球员的姓名输入这个数组，并且把他们输出来。

程序代码：

```
using System;
using System.Collections.Generic;
using System.Linq;
using System.Text;

namespace Example1Of4
{
    class Program
    {
        static void Main(string[] args)
        {
            Console.WriteLine("请输入球员个数：");
            int playerNo = int.Parse(Console.ReadLine());
            string[] names = new string[playerNo];
```

```
                for (int i = 0; i < names.Length; i++)
                {
                    Console.WriteLine("请输入第{0}个球员的名字",i+1);
                    names[i]=Console.ReadLine();
                }
                Console.WriteLine("你输入的球员名字分别是：");
                for (int i = 0; i < names.Length; i++)
                {
                    Console.WriteLine(names[i]);
                }
                Console.ReadLine();
            }
        }
    }
```

程序运行结果如下：

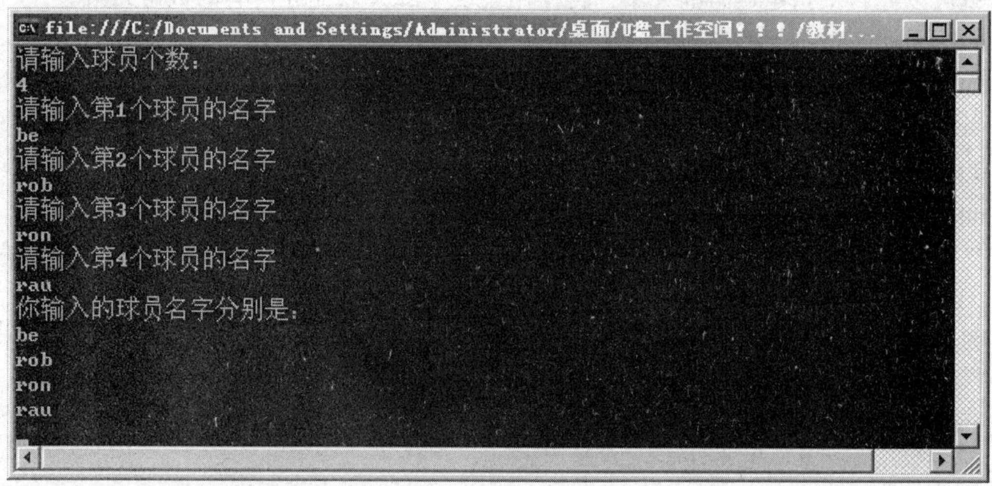

4.2 多维数组与交错数组

4.2.1 多维数组

上面只是定义了一维数组，还可以定义多维数组，语法是在方括号内加逗号。如定义一个二维数组，语法如下：

```
int[,] numbers;
```

多维数组的初始化与一维数组的初始化很类似，若集体赋值，则要遵循行先序的原则，这些跟其他语言很类似。

```
int[,] numbers=new int[2,2]{1,2,3,4};
```

这样，就相当于给数组赋值：

```
numbers[0,0]=1; numbers[0,1]=2; numbers[1,0]=3; numbers[1,1]=4;
```

上面的代码也可以写为：

```
int[,] numbers=new int[2,2]{{1,2},{3,4} };
```

例 4.2　对一个二维数组做行列倒置，即把这个数组的第 n 行的所有值变成第 n 列的所有值，第 n 列的所有值变成数组的第 n 行所有值。

倒置数组的行列，有两种方式：分别是交换元素值倒置；不交换元素值倒置。本例采用的是前一种，即把数组右上角的元素按照一定规律与左下角的元素进行交换，中间对角线上的元素不变，最终得到正确的结果（不交换元素倒置比较简单，只是在输出时改变顺序，有兴趣的读者可以自己试一试）。

程序代码：

```
using System;
using System.Collections.Generic;
using System.Linq;
using System.Text;

namespace Example2Of4
{
    class Program
    {
        static void Main(string[] args)
        {
            int[,] num=new int[4,4]{{1,2,3,4},{5,6,7,8},{9,10,11,12},{13,14,15,16}};
            Console.WriteLine("行列倒置前数组为：");
            for (int i = 0; i < 4; i++)
            {
                for (int j = 0; j < 4; j++)
                {
                    Console.Write(num[i, j].ToString() + "    ");
                }
                Console.WriteLine();
            }
            int x,y,temp;
            for(x=0;x<4;x++)
            {
                for(y=x+1;y<4;y++)
                {
                    temp = num[x, y];
                    num[x, y] = num[y, x];
```

```
                    num[y, x] = temp;
                }
            }
            Console.WriteLine("倒置结束，结果为：");
            for (int i = 0; i < 4; i++)
            {
                for (int j = 0; j < 4; j++)
                {
                    Console.Write(num[i,j].ToString()+"    ");
                }
                Console.WriteLine();
            }
            Console.ReadLine();
        }
    }
}
```

程序运行结果如下：

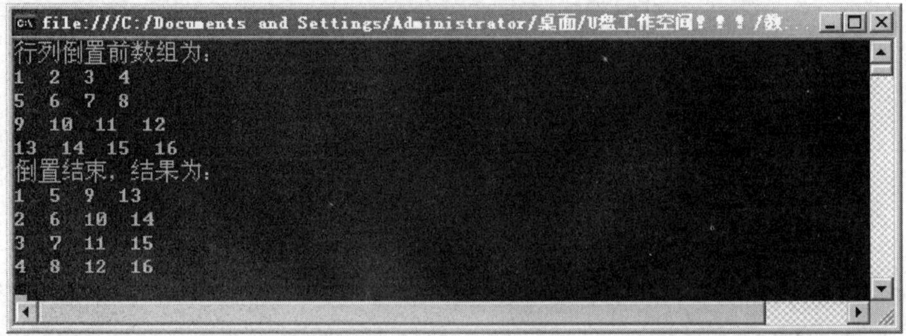

```
行列倒置前数组为:
1  2  3  4
5  6  7  8
9  10  11  12
13  14  15  16
倒置结束，结果为:
1  5  9  13
2  6  10  14
3  7  11  15
4  8  12  16
```

改进：输出的结果并不美观，列没有对整齐，读者可以自己改进，很简单的。

4.2.2 交错数组

上面所讲的多维数组的每行元素个数都是相等的。在C#中，我们还可以定义一种特殊的数组，数组中的每一行元素个数可以不相同，这种数组称之为交错数组（Jagged Array）。

交错数组的定义例子：

```
int[][] numbers=new int[3][ ];
numbers[0]=new int[2]{ 1,2};
numbers[1]=new int[3] {2,3,4};
numbers[2]=new int[2] {6,7};
```

4.3 ArrayList 类

.NET 框架提供了一个 ArrayList 类，用于建立可变长度的数组。这种数组的数据类型为 Object，在数组元素中允许存放任何类型的数据。ArrayList 类包含在 System.Collections 命名空间中，要在程序的开头添加 System.Collections 命名空间，才可以比较方便地使用 ArrayList 类。

ArrayList 类是一种长度任意、类型任意的数组。它提供了许多用于操作的属性（见表 4.1）和方法（见表 4.2）。

表 4.1 常用属性

名 称	说 明
Capacity	获取或设置 ArrayList 可包含的元素数
Count	获取 ArrayList 中实际包含的元素数
IsFixedSize	获取一个值，该值指示 ArrayList 是否具有固定大小
IsReadOnly	获取一个值，该值指示 ArrayList 是否为只读

表 4.2 常用方法

名 称	说 明
Add	将对象添加到 ArrayList 的结尾处
BinarySearch(Object)	使用默认的比较器在整个已排序的 ArrayList 中搜索元素，并返回该元素从零开始的索引
BinarySearch(Object, IComparer)	使用指定的比较器在整个已排序的 ArrayList 中搜索元素，并返回该元素从零开始的索引
BinarySearch(Int32, Int32, Object, IComparer)	使用指定的比较器在已排序 ArrayList 的某个元素范围中搜索元素，并返回该元素从零开始的索引
Clear	从 ArrayList 中移除所有元素
Contains	确定某元素是否在 ArrayList 中
CopyTo(Array)	从目标数组的开头开始将整个 ArrayList 复制到兼容的一维 Array 中
IndexOf(Object)	搜索指定的 Object，并返回整个 ArrayList 中第一个匹配项的从零开始的索引
IndexOf(Object, Int32)	搜索指定的 Object，并返回 ArrayList 中从指定索引到最后一个元素的元素范围内第一个匹配项的从零开始的索引
IndexOf(Object, Int32, Int32)	搜索指定的 Object，并返回 ArrayList 中从指定的索引开始并包含指定的元素数的元素范围内第一个匹配项的从零开始的索引
Insert	将元素插入 ArrayList 的指定索引处
InsertRange	将集合中的某个元素插入 ArrayList 的指定索引处
Remove	从 ArrayList 中移除特定对象的第一个匹配项

续表 4.2

名 称	说 明
RemoveAt	移除 ArrayList 指定索引处的元素
RemoveRange	从 ArrayList 中移除一定范围的元素
Sort ()	使用每个元素的 IComparable 实现对整个 ArrayList 中的元素排序
Sort(IComparer)	使用指定的比较器对整个 ArrayList 中的元素进行排序
Sort(Int32, Int32, IComparer)	使用指定的比较器对 ArrayList 中某个范围内的元素进行排序

先理解一种常见的格式："类名 对象名 =new 构造函数（ ）;"，构造函数的名称与类名完全一样。这种格式先简单理解一下，搞清楚哪个是类名？哪个是对象名？赋值运算符右边就是产生一个对象的意思，然后赋值给了左边的对象名。

例 4.3 ArrayList 的基本用法示例。

程序代码：

```
using System;
using System.Collections.Generic;
using System.Linq;
using System.Text;
using System.Collections;

namespace arraylistExample
{
    class Program
    {
        static void Main(string[] args)
        {
            ///ArrayList 分配 4 的倍数个存储量
            ArrayList myAL = new ArrayList();
            myAL.Add("Hello");
            myAL.Add("World");
            myAL.Add("!");

            // Displays the properties and values of the ArrayList.
            Console.WriteLine("myAL");
            Console.WriteLine("    Count:      {0}", myAL.Count);
            Console.WriteLine("    Capacity: {0}", myAL.Capacity);
            Console.WriteLine("  find World at {0} Position", myAL.IndexOf("World"));
```

```
            myAL.Add(1);
            Console.WriteLine("the Array has changed:");
            Console.WriteLine("    Count:     {0}", myAL.Count);
            Console.WriteLine("    Capacity: {0}", myAL.Capacity);

            myAL.Add(true );
            Console.WriteLine("the Array has changed:");
            Console.WriteLine("    Count:     {0}", myAL.Count);
            Console.WriteLine("    Capacity: {0}", myAL.Capacity);
            Console.Write("    Values:");
            PrintValues(myAL);
            Console.ReadLine();
        }
        public static void PrintValues(ArrayList  myList)
        {
            foreach (Object obj in myList)
                Console.Write("   {0}", obj);
            Console.WriteLine();
        }


    }
}
```

程序运行结果如下：

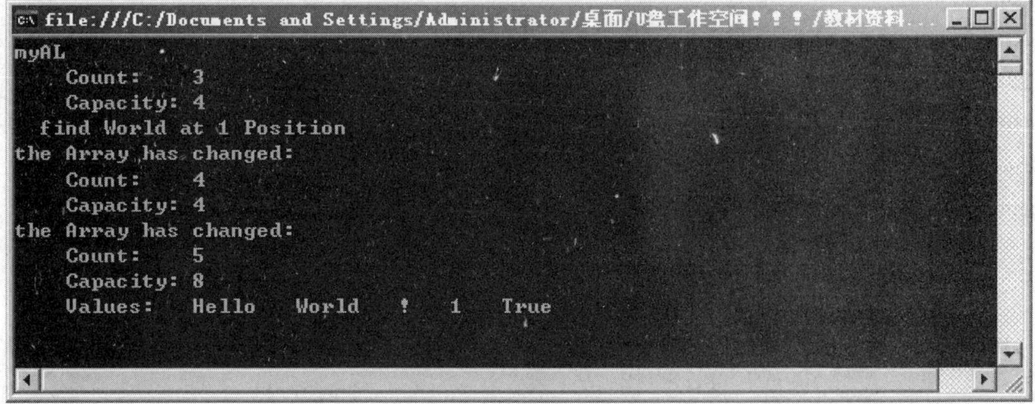

注意：读者可能会发现，在输出 myAL 的 Capacity 属性时，发现有 3 或 4 个元素时 Capacity 为 4，有 5 个元素时为 8，原因在表 4.1 中已讲了，Count 是实际包含的元素个数，而 Capacity 是可包含的元素个数，即存储量，而存储量是按 4 的倍数来分配的，因此出现了上述结果。

4.4 Hashtable 类

4.4.1 Hashtable 简述

在.NET Framework 中，Hashtable 是 System.Collections 命名空间提供的一个容器，用于处理和表现类似 key/value 的键/值对，这些键/值对根据键的哈希代码进行组织。其中 key 通常可用来快速查找，同时 key 是区分大小写的；value 用于存储对应于 key 的值。

在 Hashtable 中，key/value 键/值对均为 Object 类型，因此 Hashtable 可以支持任何类型的 key/value 键/值对。与 ArrayList 类相比较，Hashtable 类也是一种长度任意、类型任意的数组，不同的是它的每个元素必须按 key/value 键/值成对出现。

4.4.2 Hashtable 的简单操作

类似于前面介绍数组的操作，用户可以对哈希表进行元素的添加、删除、查找、遍历等操作，具体如下：

- 在哈希表中添加一个 key/value 键/值对：HashtableObject.Add(key,value);
- 在哈希表中去除某个 key/value 键/值对：HashtableObject.Remove(key);
- 从哈希表中移除所有元素：　　HashtableObject.Clear();
- 判断哈希表是否包含特定键 key：　　HashtableObject.Contains(key);
- C#中提供了 foreach 语句以对 Hashtable 进行遍历。由于 Hashtable 的元素是一个键/值对，因此需要使用 DictionaryEntry 类型来进行遍历。DictionaryEntry 类型在此处表示一个键/值对的集合。

例 4.4 一个控制台应用程序， Hashtable 操作的例子。

程序代码：

```
using System;
using System.Collections.Generic;
using System.Linq;
using System.Text;
using System.Collections; //使用 Hashtable 时，必须引入这个命名空间
namespace hashtable
{
    class Program
    {
        static void Main(string[] args)
        {
        Hashtable ht=new Hashtable(); //创建一个 Hashtable 实例
         ht.Add("E","e");//添加 key/value 键/值对
         ht.Add("A","a");
         ht.Add("C","c");
```

```
            ht.Add("B","b");
            ht.Remove("C");//移除一个 key/value 键/值对
            Console.WriteLine(ht["A"]);//此处输出 a
            foreach(DictionaryEntry de in ht)
            {
            Console.Write (de.Key +"    ");
            Console.WriteLine(de.Value );
            }
            Console.ReadLine();
            }
        }
    }
```

程序运行结果如下：

```
file:///C:/Documents and Settings/Administrator/桌面/U盘工作空间! ! ! /教材...
a
E  e
A  a
B  b
```

4.5 字符与字符串

C#内置了功能完全的 String 类型。更重要的是，C#把字符串也当成对象，因此封装了所有字符串所拥有的操作、排序和搜索方法。

复杂的字符串处理模式匹配要依靠正则表达式的帮助。C#将强大与复杂的正则表达式语法同完全的面向对象设计结合起来了。

4.5.1 字符串的声明和初始化

定义字符串最基本的方式是把一个双引号括起来的字符串赋给一个 string 类型的变量：

String s = "abcdef";

双引号括起来的字符串可以包含转义字符（如“\n”或“\t”）都以反斜线开始，用来表示换行或制表。如：

String directory = "C:\\text";

字符串也可以用原样的字符串字面值创建，以“@”符号开头。这样 string 构造方法就知道字符串应照原样使用，即使它要跨行或者含有转义字符。

上面的程序代码也可以改写成如下的形式：

String directory = @"C:\text";

4.5.2 字符串的处理

字符串的串接（合并）是指使用“+”符号连接前后两个字符串：

String city = "南京市";

String street = "新街口";

String address = city + street;

Console.WriteLine(“地址是：” +address);

上述代码的输出结果为：“地址是：南京市新街口”。

string 类有很多方法和属性，常见的有：Length 属性、ToUpper/ToLower 方法、IndexOf 方法、SubString 方法等。常用属性如表 4.3 所示，常用方法如表 4.4 所示。

表 4.3 常用属性

名 称	说 明
Chars	获取当前 String 对象中位于指定字符位置的字符
Length	获取当前 String 对象中的字符数

表 4.4 常用方法

名 称	说 明
Compare(String, String)	比较两个指定的 String 对象，并返回一个整数，指示二者在排序顺序中的相对位置
Compare(String, String, Boolean)	比较两个指定的 String 对象（其中忽略或考虑其大小写），并返回一个整数，指示两者在排序顺序中的相对位置
CompareTo(String)	将此实例与指定的 String 对象进行比较，并指示此实例在排序顺序中是位于指定的 String 之前、之后还是与其出现在同一位置
Concat(Object, Object)	连接两个指定对象的字符串表示形式
Concat(String, String)	连接 String 的两个指定实例
Concat(Object, Object, Object)	连接三个指定对象的字符串表示形式
Concat(String, String, String)	连接 String 的三个指定实例
Concat(Object, Object, Object, Object)	将四个指定对象的 String 表示形式与可选变量长度参数列表中指定的任何对象串联起来
Concat(String, String, String, String)	连接 String 的四个指定实例
Contains	返回一个值，该值指示指定的 String 对象是否出现在此字符串中
Copy	创建一个与指定的 String 具有相同值的 String 的新实例
CopyTo	将指定数目的字符从此实例中的指定位置复制到 Unicode 字符数组中的指定位置
Equals(Object)	确定此实例是否与指定的对象（也必须是 String 对象）具有相同的值
Equals(String)	确定此实例是否与另一个指定的 String 对象具有相同的值
Equals(String, String)	确定两个指定的 String 对象是否具有相同的值

续表 4.4

名　称	说　明
Equals(String, StringComparison)	确定此字符串是否与指定的 String 对象具有相同的值；参数指定区域性、大小写以及比较所用的排序规则
Equals(String, String, StringComparison)	确定两个指定的 T:System.String 对象是否具有相同的值；参数指定区域性、大小写以及比较所用的排序规则
Format(String, Object)	将指定字符串中的一个或多个格式项替换为指定对象的字符串表示形式
Format(String, Object, Object)	将指定字符串中的格式项替换为两个指定对象的字符串表示形式
Format(String, Object, Object, Object)	将指定字符串中的格式项替换为三个指定对象的字符串表示形式
IndexOf(Char)	报告指定 Unicode 字符在此字符串中的第一个匹配项的索引
IndexOf(String)	报告指定字符串在此实例中的第一个匹配项的索引
IndexOf(Char, Int32)	报告指定 Unicode 字符在此字符串中的第一个匹配项的索引。该搜索从指定字符位置开始
IndexOf(String, Int32)	报告指定字符串在此实例中的第一个匹配项的索引；该搜索从指定字符位置开始
IndexOf(String, StringComparison)	报告指定的字符串在当前 String 对象中的第一个匹配项的索引。一个参数指定要用于指定字符串的搜索类型
Insert	在此实例中的指定索引位置插入一个指定的 String 实例
Remove(Int32)	删除此字符串中从指定位置到最后位置的所有字符
Remove(Int32, Int32)	从此实例中的指定位置开始删除指定数目的字符
Replace(Char, Char)	返回一个新字符串，其中此实例中出现的所有指定 Unicode 字符都替换为另一个指定的 Unicode 字符
Replace(String, String)	返回一个新字符串，其中当前实例中出现的所有指定字符串都替换为另一个指定的字符串
Substring(Int32)	从此实例检索子字符串。子字符串从指定的字符位置开始
Substring(Int32, Int32)	从此实例检索子字符串。子字符串从指定的字符位置开始且具有指定的长度
ToLower ()	返回此字符串转换为小写形式的副本
ToString ()	返回此实例的 String；不执行实际转换
ToUpper ()	返回此字符串转换为大写形式的副本
ToUpper(CultureInfo)	根据指定区域性的大小写规则返回此字符串转换为大写形式的副本
Trim ()	从当前 String 对象移除所有前导空白字符和尾部空白字符

习题四

1. 编写一个控制台应用程序，定义一个 n 行 n 列的二维整数数组并赋初值，然后求出对角线上的元素之和。

程序代码如下：

```
using System;
using System.Collections.Generic;
using System.ComponentModel;
using System.Data;
using System.Drawing;
using System.Linq;
using System.Text;
using System.Windows.Forms;
namespace lx1
{
class Program
{
static void Main(string[] args)
    {
int n = 5;
int s=0;
int[,] arr ={ { 1, 2, 3, 4, 5 }, { 11, 12, 13, 14, 15 }, { 21, 22, 23, 24, 25 }, { 31, 32, 33, 34, 35 }, { 41, 42, 43, 44, 45 } };
int i, j;
for (i = 0; i < arr.GetLength(0); i++)
{
for (j = 0; j < arr.GetLength(1); j++)
{
if (i == j || i + j == n + 1)
s = s + arr[i, j];
}
}
Console.WriteLine("对角线上的元素之和{0}",s);
}
}
}
```

第 5 章　程序调试与异常处理

本章要点：程序调试方法的使用；异常处理的方法。

5.1　程序错误和调试方法

俗话说得好："人无完人"。程序也是如此，再有经验的程序员，写代码的时候再小心，写出的程序也会出错。因为人不是机器，肯定会有考虑不周全的时候或者粗心，这样就会造成错误。VS 2010 环境中提供了基本的语法检查以及错误识别，因此对于小错误，稍微有点程序经验的人员通过运行时的错误提示就可以轻松化解。但也有时候程序本身看不出有什么错误，运行时也会得到结果，可结果不是预期的，这时编程者就需要通过跟踪代码、逐语句执行以及设置断点等方式，进行查找。这种错误叫逻辑错误，是最难查出的错误。

程序在编写的过程中常见的错误类型：

- 语法错误。语法错误常发生在初学者身上，这种错误在编译阶段程序可以自动跳到错误之处，很容易修改。
- 运行时错误。运行时错误是用户在执行应用程序时，因为输入类型不符或者是被除数为 0 或者数组越界造成的。这种错误会造成程序中断，可以使用 try-catch-finally 语句解决。
- 逻辑错误。逻辑错误是最困难的错误，尤其在大型程序中最为明显。程序在执行过程中不提示错误信息，也会有运行结果，但是结果不符合逻辑，或者是跟我们预期的不一样。

常用的调试方法：断点法、逐语句执行，这两种方法简单易行。例 3.4 就用的是断点法；例 3.6 用的就是逐语句执行调试方法。

5.2　异常处理

5.2.1　为什么要使用异常处理

天有不测风云，设计得再好的程序，在实际运行过程中难免会出现各种各样的意外，即异常。有的是软件方面的问题，有的是操作者的问题，有的甚至是硬件方面的问题。比如：大家平常用得很多的 QQ 软件，由于它的功能特别多，是很容易出现异常的！例如，右上角的天气数据显示功能，天气方面的数据来源于其他数据库，如中央气象局。如果气象局的数据库查询接口出现了升级更新，或者说气象局的数据库出现了故障，这时导致 QQ 查询不到天气数据，当然就没法正确显示天气数据！这时，如果没有进行异常处理，QQ 软件就会崩溃，出现大家常见的现象，软件既没法正常退出，也没法继续操作该软件，出现这种情况，用户是非常失望的！因为用户不知道哪里出了问题，只会报怨软件本身做得不好。反之，如果进行了异常处理，QQ 软件不仅不会崩溃，还可以在原来显示天气数据的位置显示提示信息，告诉用户稍候，并且更重要的是，QQ 软件的主要功能即时通信聊天照样使用。通过比较，不难发现，使用异常处理的作用：就是让程序更健壮！

C#中的异常处理由 4 个关键字来管理：try、catch、throw 和 finally。它们构成了一个相关子系统。

try 语句块：包含用户要监视的可能会产生异常的程序语句，如果 try 语句块内的语句发生异常，C#系统会自动抛出系统产生的异常，然后使用 catch 语句捕捉此异常，并以合理方式处理它。

catch 语句块：捕获异常，即 try 语句块有异常时要执行的代码。

finally 语句块：try 语句块有异常/无异常最终都会执行的代码。

throw 语句：手动抛出异常。

例 5.1 两个数组的元素相除，输出结果，并且捕捉异常。

程序代码：

```
using System;
using System.Collections.Generic;
using System.Linq;
using System.Text;

namespace _2of6new
{
    class Program
    {
        static void Main(string[] args)
        {
            int[] M = { 4, 8, 16, 32, 64, 128 };
            int[] N = { 1, 0, 2, 4, 0, 2 };
            for (int i = 0; i < M.Length; i++)
            {
                try
                {
                    Console.WriteLine(M[i] + "/" + N[i] + " is " + M[i] / N[i]);
                }
                catch (DivideByZeroException e)
                {
                    //catch the exception
```

```
                    Console.WriteLine("can't divide by 0");
                }
            }
            Console.ReadLine();
        }
    }
}
```

单击“调试”/“逐语句”，或者直接按 F11，然后继续按 F11……，理解 try-catch 的意义。上面的例子体现了异常处理的优点：当出现了除数为 0 的时候，就会产生 Divide By Zero Exception 异常。因为我们捕捉了此异常，所以程序并不会终止崩溃，而是会报告错误信息后继续执行。

程序运行结果如下：

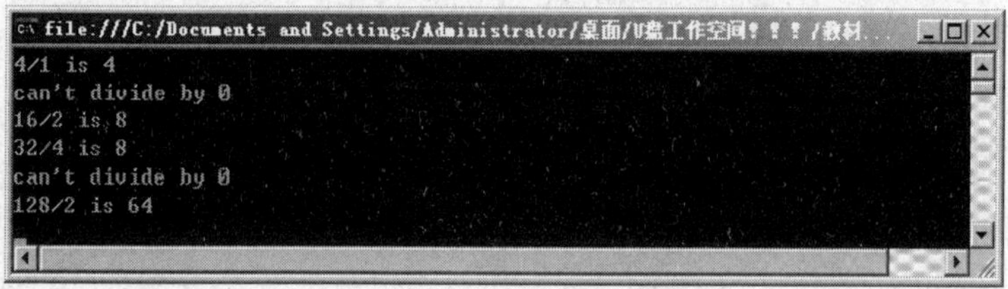

练习：本题不用 try-catch，即删除 try-catch，只保留 try{}里面的一句话，然后按 F11 运行，观察有什么不一样？

5.2.2　异常处理举例

常见的异常类如图 5.1 所示。

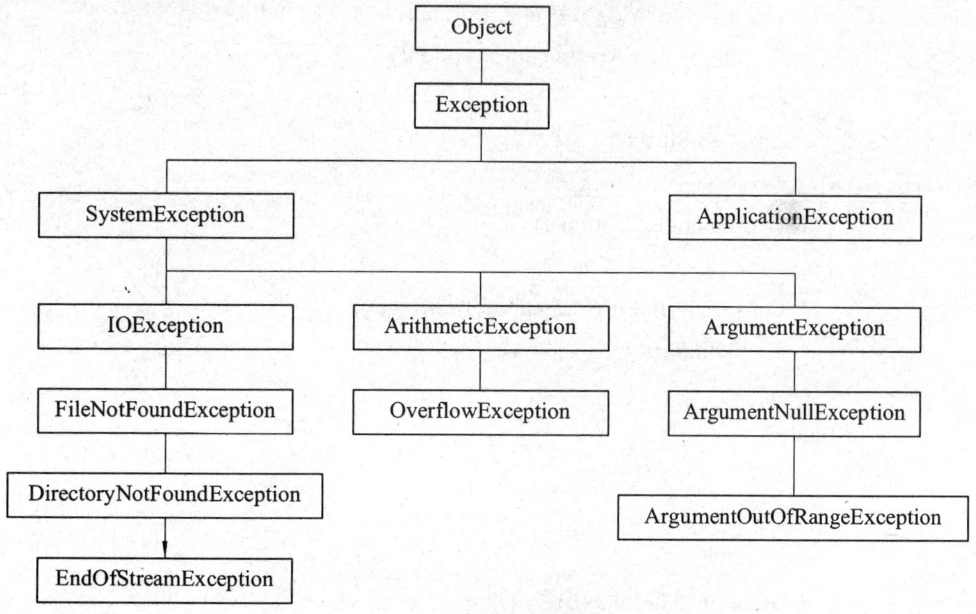

图 5.1　常见的异常类

例 5.2 使用 try-catch-finally 异常处理语句计算函数值。

$$z=\sqrt{|x^2-y^2|}+x$$

程序代码：

```
using System;
using System.Collections.Generic;
using System.Linq;
using System.Text;

namespace Example4of6
{
    class Program
    {
        static void Main(string[] args)
        {
            double x, y, z=0;
            Console.WriteLine("请输入 x 的值：");
            x=double.Parse(Console.ReadLine());
            Console.WriteLine("请输入 y 的值：");
            y = double.Parse(Console.ReadLine());
            try
            {
                if ((x * x - y * y) < 0)
                    //此处手动抛出异常，目的是让后面的 catch 捕获。
                    throw new ArithmeticException();
                else
                z = Math.Sqrt(x * x - y * y);
            }
            catch(ArithmeticException e)
            {
                Console.WriteLine("catch"+e.ToString());
                z = Math.Sqrt(y * y - x * x);
            }
            finally
            {
                z = z + x;
            }
            Console.WriteLine("X={0},y={1},z={2}",x,y,z);
            Console.ReadLine();
```

```
            }
        }
    }
```

单击“调试”/“逐语句”，或者直接按 F11，然后继续按 F11……，理解 try –catch–finally 的意义。

若输入 x 的绝对值小于 y 的绝对值时，程序运行结果如下：

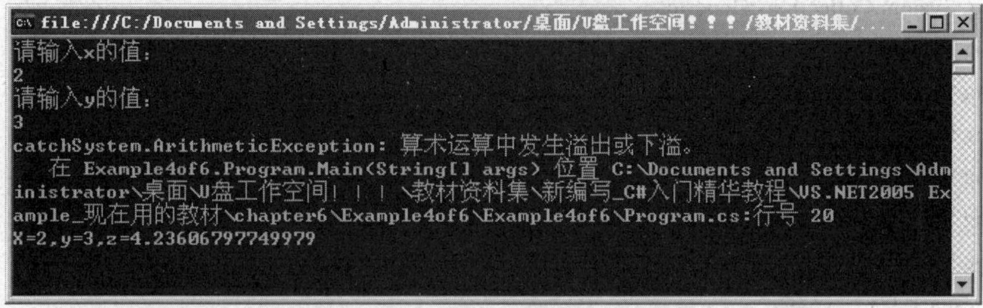

若输入 x 的绝对值大于 y 的绝对值时，程序运行结果如下：

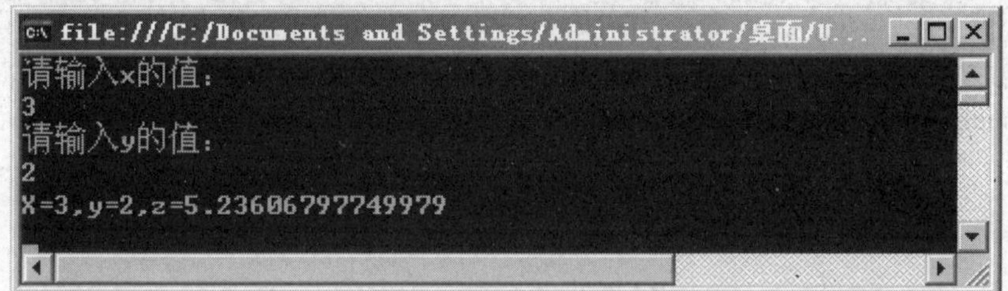

练习：本题在输入 x，y 的值时，极有可能出现异常！比如用户输入了非数字字符等。要求用 try -catch 来处理这一异常，让本程序更加健壮。

以下代码供参考：

```
while (true)
            {
                try
                {
                    Console.WriteLine("请输入 x 的值：");
                    x = double.Parse(Console.ReadLine());
                    break;
                }
                catch (Exception e)//用 Exception 类，各种异常都会被捕获。
                {
                    Console.WriteLine("输入有误，请重新输入！");
                }
            }
```

习题五

1. 编写一个控制台应用程序，定义一个数组，然后故意让我们的操作超出数组的界限，查看弹出的异常。

程序代码如下：

```
using System;
using System.Collections.Generic;
using System.ComponentModel;
using System.Data;
using System.Drawing;
using System.Linq;
using System.Text;
using System.Windows.Forms;
namespace lx1
{
class ExcTest
    {
        public static void getException()
        {
            int[] nums = new int[4];

            Console.WriteLine("Before Exception is generated: ");
            //generate an index out-of-bounds exception.
            for (int i = 0; i < 10; i++)
            {
                nums[i] = i;
                Console.WriteLine("nums[{0}]:{1}",i,nums[i]);
            }
            Console.WriteLine("this won't be diaplayed");
        }
    }
class UseExcept
    {
        static void Main(string[] args)
        {
            try
            {
                ExcTest.getException();
            }
```

```
            catch(IndexOutOfRangeException exc)
            {
                //catch the Exception
                Console.WriteLine("standard message is:");
                Console.WriteLine(exc);
                Console.WriteLine("Stack trace:"+exc.StackTrace);
                Console.WriteLine("Message:"+exc.Message);
                Console.WriteLine("TargetSite:"+exc.TargetSite);

            }
            Console.WriteLine("After catch statement.");
            Console.ReadLine();
        }
    }
}
```

第 6 章　函数、字段和属性

本章要点：函数的定义、使用；属性与域的定义以及使用。

类由两部分构成：一部分是描述行为的，即方法/函数；另一部分是描述特征的，即字段/属性。这两部分合起来，统称为类的成员。

6.1　函数的定义和使用

方法/函数声明的语法为：

<修饰符><返回类型><函数名称>(参数 1，参数 2，…)

{…//语句}

函数的修饰符有很多，如：new、public、protected、internal、private、static、virtual、sealed、override、abstract、extern 等。在诸多函数修饰符中，public、protected 、private、internal、protected internal 是函数访问修饰符，如表 6.1 所示，通俗地说，它们指明了函数在哪些地方可以使用，建议初学者重点掌握前三个修饰符。另外，static 是静态修饰符，其含义如表 6.2 所示。

表 6.1　访问修饰符及含义

访问修饰符	含 义
public	访问不受限制。（本类和任意其他类中可以使用）
protected	访问仅限于本类或从本类派生的类型。（本类和本类的子类可以使用）
private	访问仅限于本类型。（只能在本类中可以使用）
internal	访问仅限于当前程序集。（在当前程序集中可以使用）
protected internal	访问仅限于从本类派生的当前程序集或类型。（在本类派生的当前程序集中可以使用）

注：以上访问修饰符对类的两部分成员均适用。

表 6.2　静态修饰符含义

静态修饰符	含义	成员的使用格式
有 static 修饰（静态成员）	属于类本身	类名.静态成员
没有 static 修饰（非静态成员）	属于特定对象	对象名称.非静态成员

注：静态修饰符对类的两部分成员均适用。

例 6.1　类的成员使用举例，记录进入会场的人数。

程序代码：

```
using System;
using System.Collections.Generic;
using System.Linq;
using System.Text;

namespace p21chenyuan
{
    class People
    {
        public int num;   //用来记录是第几个人

        public static int TotalPeople = 0; //static 静态变量，记录进入会场人员总数

        //static 静态方法
        public static void ShowTotalPeople()
        {
            Console.WriteLine("现在共有{0}个人进入会场", TotalPeople);
        }

        public void ShowQuery(string name)
        {
            Console.WriteLine("{0}是第{1}个进入会场的人", name, num);
        }

        //构造函数
        public People()
        {
            TotalPeople++;
            num = TotalPeople;
        }

        //析构函数
        ~People()
        {
            TotalPeople--;
        }
    }
```

```
    class myclass
    {
        static void Main(string[] args)
        {
            People.ShowTotalPeople();
            People MrGreen = new People(); //格林先生进入会场
            Console.WriteLine("MrGreen 是第{0}个进会场的人", MrGreen.num);
            People.ShowTotalPeople();
            People MrSmith = new People();
            People MrAllen = new People();
            MrSmith.ShowQuery("MrSmith");
            MrAllen.ShowQuery("MrAllen");
            People.ShowTotalPeople();
            People pPeople;
            People.ShowTotalPeople();
            pPeople = MrSmith;
            pPeople.ShowQuery("pPeople");
            Console.ReadLine();
        }
    }
}
```

程序运行结果如下：

```
file:///C:/Documents and Settings/Administrator/桌面/U盘工作空间? ? ? /教材资...
现在共有0个人进入会场
MrGreen是第1个进会场的人
现在共有1个人进入会场
MrSmith是第2个进入会场的人
MrAllen是第3个进入会场的人
现在共有3个人进入会场
现在共有3个人进入会场
pPeople是第2个进入会场的人
```

6.2 函数参数的传递方式

在调用函数的时候，可以向函数传递参数列表。C#中的函数参数有 4 种类型：

- 值参数：不含任何修饰符。
- 引用型函数：以 ref 修饰符声明。
- 输出参数：以 out 修饰符声明。

- 数组型参数：以 params 修饰符声明。

若 A 语句中调用函数 B，两者间有参数传递。我们将 A 语句中调用函数 B 的参数称为实参；而函数 B 声明时的参数就是形参，其传递方向是实参→形参。

6.2.1 值参数

当采用值参数传递时，通俗地说，就是把实参赋值给形参。

例 6.2 值参数传递示例。

程序代码：

```
using System;
using System.Collections.Generic;
using System.Linq;
using System.Text;

namespace value_params
{
    class Program
    {
        static void Main(string[] args)
        {
            int a = 3;
            int b = 5;
            change(a, b);
            Console.WriteLine("a={0},   b={1}", a, b);
        }
        static void change(int a1, int b1)
        {
            int t;
            t = a1;
            a1 = b1;
            b1 = t;

        }
    }
}
```

按 Ctrl+F5 键，程序运行结果如下：

可见 a、b 的值并没有交换。为什么？其实道理很简单，a、b 把值分别赋值给 a1、b1，如图 6.1 所示。至于 a1、b1 怎么改变值，与 a、b 毫无关系。如果不相信，可以在 “b1 = t;” 语句后面再加两条语句：“a1 = 100;　b1=200;”，最终程序运行结果也不会改变。

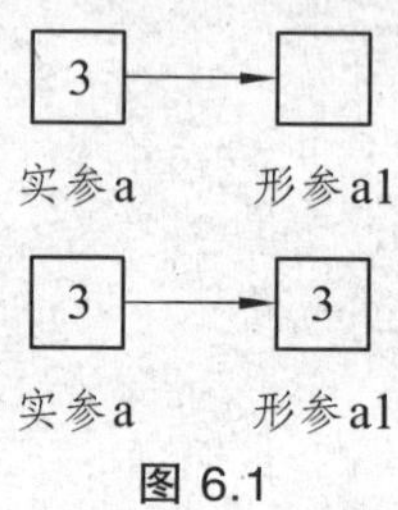

图 6.1

6.2.2 引用型参数

与值参数不同的是，引用型参数并不开辟新的内存区域。当采用引用型参数传递时，编译程序将把实参在内存中的地址传递给形参，有时叫做传地址。由于实参与形参内存地址相同，通俗地说，实参与形参实质上就是同一个变量，只是名称不一样。

例 6.3 把例 6.2 改写成引用型参数传递。

程序代码：

```
using System;
using System.Collections.Generic;
using System.Linq;
using System.Text;

namespace ref_params
{
    class Program
    {
        static void Main(string[] args)
        {
            int a = 3;
            int b = 5;
            change(ref a, ref b);
            Console.WriteLine("a={0},    b={1}", a, b);
        }
        static void change(ref int a1, ref int b1)
        {
```

```
            int t;
            t = a1;
            a1 = b1;
            b1 = t;

        }
    }
}
```

按 Ctrl+F5 键，程序运行结果如下：

可见 a、b 的值成功地实现了交换。为什么？其实道理很简单，a 与 a1 的内存地址相同，如图 6.2 所示；b 和 b1 的内存地址相同，即 a 与 a1 就是同一个变量；b 与 b1 就是同一个变量，因此当 a1 和 b1 的值互换时，a 和 b 的值自然会发生变化。

形参a1

3

实参a

图 6.2

6.2.3　输出型参数

与引用型参数类似，输出型参数也不开辟新的内存区域，实参与形参就是同一个变量。与引用型参数的差别在于：调用前不需对实参进行初始化。输出型参数通常用在需要多个返回值的方法中。在方法返回后，实参被认为经过了初始化。

例 6.4　输出型参数示例。

程序代码：

```
using System;
using System.Collections.Generic;
using System.Linq;
using System.Text;

namespace out_params
{
    class Program
    {
        static void Main(string[] args)
        {

            Console.WriteLine("\n out  参数输出    **** \n");
```

```
            int a, b;
            UseOut(out a, out b);
            Console.WriteLine("\n 调用 UseOut 函数后返回主程序：a={0},   b={1}", a, b);
            Console.ReadLine();
        }
        private static void UseOut(out int x, out int y)
        {
            int temp;
            x = 20;
            y = 30;
            Console.WriteLine("\n 函数内交换前   x={0},   y={1}", x, y);
            temp = x;
            x = y;
            y = temp;
            Console.WriteLine("\n 函数内交换后   x={0},   y={1}", x, y);
        }
    }
}
```

程序运行结果如下：

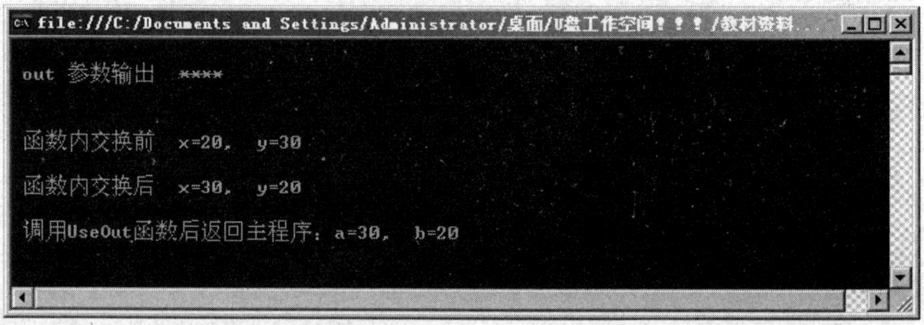

```
file:///C:/Documents and Settings/Administrator/桌面/U盘工作空间！！！/教材资料...

out 参数输出   ****

函数内交换前  x=20,  y=30
函数内交换后  x=30,  y=20
调用UseOut函数后返回主程序：a=30,  b=20
```

由程序的结果可以看出：一开始，我们并没有对实参变量 a 和 b 进行初始化，在调用之后它们则有了明确的值。

6.2.4 数组型参数

C#允许为函数指定一个（只能指定一个）特定的参数，这个参数必须是函数声明中的最后一个参数，称为数组型参数。它使用 params 关键字来定义。另外，参数只允许是一维数组。

例 6.5 数组型参数示例。

程序代码：

```
using System;
using System.Collections.Generic;
using System.Linq;
```

```
using System.Text;

namespace array_params
{
    class Program
    {
        static void Main(string[] args)
        {
            int[] f1 = { 18, 23, 19, 22, 27 };
            int maxAge = Max(f1 );
            Console.WriteLine("the max of age is : {0}", maxAge);
        }

        static int Max(params int[] Age)
        {
            int temp = 0;
            for (int i = 0; i < Age.Length; i++)
            {
                if (temp < Age[i])
                    temp = Age[i];
            }
            return temp;
        }
    }
}
```

按 Ctrl+F5 键，程序运行结果如下：

6.3　Main 函数

所有的 C#应用程序必须在它的一个类中定义一个名为 Main 的函数。这个函数作为应用程序的入口点，它必须被定义为静态的。具体在哪个类中使用 Main 函数对 C#编译器并无影响，而且选择的类不影响编译次序。C#编译器很精明，可以自己在源代码文件中自动搜寻到 Main 函数。因此，这个最重要的方法是所有 C#应用程序的入口点。

虽然一个 C#应用中可能会有很多类，但是其中只有一个入口。在同一个应用中，可能多个类都有 Main 函数，但只有一个 Main 函数是被执行的。用户需要在编译时指定究竟使用哪一个 Main 函数。

常见的 Main 函数是这样的：

```
static void Main(string[] args)
{   }
```

细心的读者会注意到：Main 函数必须定义为 static，这是因为 C#.NET 是一门真正的面向对象的编程语言，Main 函数是整个应用程序的入口，static 可以保证程序调用的时候不需要实例化就可以运行程序。

Main 函数中的参数 args 是从应用程序的外部接受信息的方法，这些信息在运行期间指定，其形式是命令行参数。

例 6.6 设置命令行参数的示例。

程序代码：

```
using System;
using System.Collections.Generic;
using System.Linq;
using System.Text;

namespace args_params
{
    class Program
    {
        static void Main(string[] args)
        {
            Console.WriteLine("有 {0} 个命令行参数：", args.Length);
            foreach (string Sargument in args)
            {
                Console.WriteLine(Sargument);
            }
            Console.ReadLine();
        }
    }
}
```

在运行程序之前，我们先对命令行参数进行小的改动，在程序运行结果中会显示出来，具体操作为：单击“项目”菜单，然后单击“args params 属性”，选择左边的“调试”，在“命令行参数”里输入用空格分开的任意字符串，如果一个参数本身就包含空格，就必须要在这个参数的两端加上双引号，如图 6.3 所示。

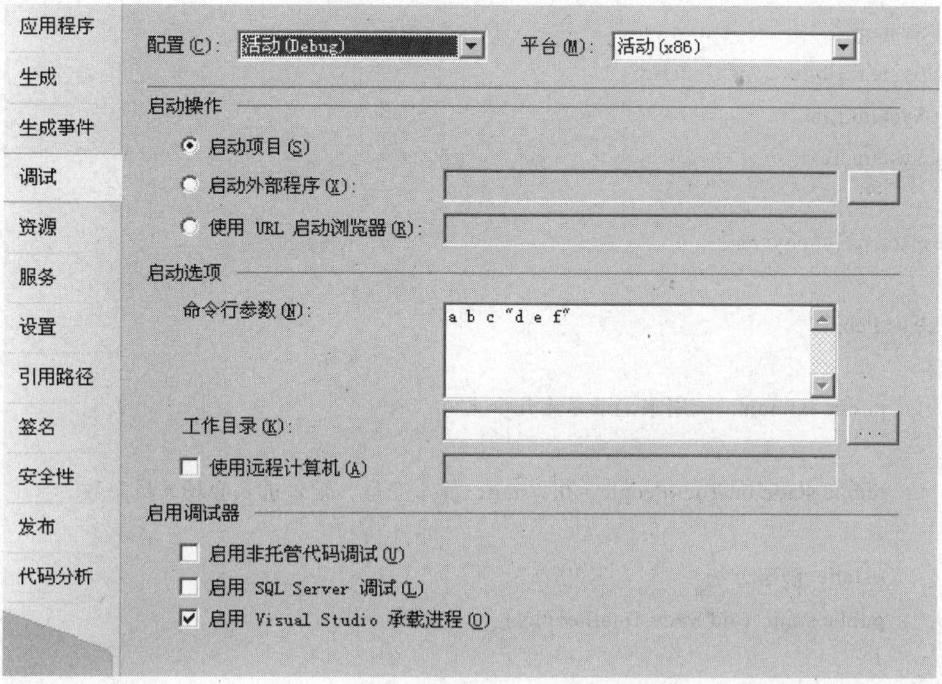

图 6.3

程序的运行结果如下：

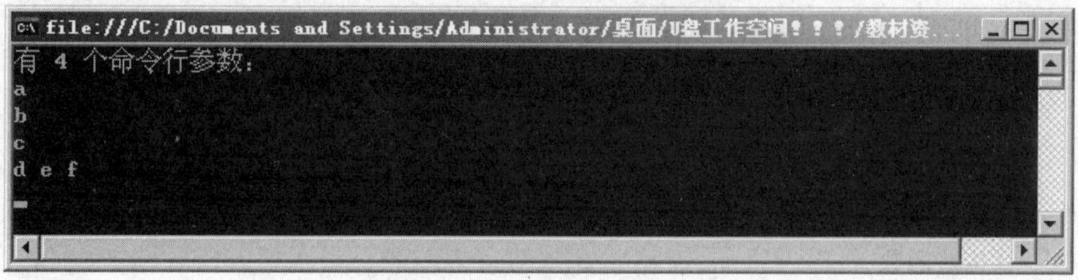

```
有 4 个命令行参数：
a
b
c
d e f
```

6.4　字段（field）与属性（property）

前面介绍了类中一部分是描述行为的，即方法/函数。类还有一部分是描述特征的，即字段/属性。事实上，在前面所有的示例中，描述特征这一部分都是运用字段，还没有介绍属性。

字段声明方法：

field-modifiers type variable-declarators ;

其中 field-modifiers 表示字段的修饰符，type 表示字段的具体类型，variable-declarators 表示字段名。

再看：例 6.1 类的成员使用举例，记录进入会场的人数。

程序代码：

```
using System;
using System.Collections.Generic;
using System.Linq;
using System.Text;

namespace p21chenyuan
{
    class People
    {
        public int num;   //用来记录是第几个人

        public static int TotalPeople = 0; //static 静态变量，记录进入会场人员总数

        //static 静态方法
        public static void ShowTotalPeople()
        {
            Console.WriteLine("现在共有{0}个人进入会场", TotalPeople);
        }

        public void ShowQuery(string name)
        {
            Console.WriteLine("{0}是第{1}个进入会场的人", name, num);
        }

        //构造函数
        public People()
        {
            TotalPeople++;
            num = TotalPeople;
        }

        //析构函数
        ~People()
        {
            TotalPeople--;
        }
    }

    class myclass
```

```
    {
        static void Main(string[] args)
        {
            People.ShowTotalPeople();
            People MrGreen = new People(); //格林先生进入会场
            Console.WriteLine("MrGreen 是第{0}个进会场的人", MrGreen.num);
            //增加一行代码，对字段 num 进行写入操作
            MrGreen.num=100;
            People.ShowTotalPeople();
            People MrSmith = new People();
            People MrAllen = new People();
            MrSmith.ShowQuery("MrSmith");
            MrAllen.ShowQuery("MrAllen");
            People.ShowTotalPeople();
            People pPeople;
            People.ShowTotalPeople();
            pPeople = MrSmith;
            pPeople.ShowQuery("pPeople");
            Console.ReadLine();
        }
    }
}
```

在 People 类中，“public int num;”及“public static int TotalPeople = 0;”这两条语句中的 num 和 TotalPeople 就是字段，前者是非静态字段，后者是静态字段。

首先来考察“public int num;”，num 是用 public 修饰的，就表明在外部类 myclass 中可以使用它，事实也是如此，在“Console.WriteLine("MrGreen 是第{0}个进会场的人", MrGreen.num);”这条语句中对 num 进行了读操作，而且还可以进行写操作，比如在语句下面加上一句“MrGreen.num=100;”。也就是说，如果 num 在声明时是用 public 修饰的，那么外部类可以对 num 进行完全操作即读和写。

如果 num 在声明时是用 private 修饰的，那么外部类不能对 num 进行任何操作，既不能读也不能写。

总结：在字段这种模式下，外部类对字段的访问要么完全不能访问，要么完全访问。也就是说，功能比较单一，不够灵活，因此不能满足实际需要。比如，外部类对字段只能读，不能写，就没办法实现了。为了实现更灵活的访问控制，就需要一个新的东西，称为属性。

属性的一般声明格式：

property-modifiers type members

```
{
get{}
set{}
}
```

其中 property -modifiers 表示属性的修饰符，type 表示属性的具体类型，members 表示属性名，get 实现读取属性值，set 实现写入属性值。

简单的属性一般与一个私有字段相关联，以控制对这个字段的灵活访问，一般格式如下：

```
class 类名
{
    private  类型 字段名;
    public 类型 属性名
    {
        get { return 字段名; }//此处可以键入更多的代码，这里是典型代码
        set {字段名 = value; }//此处可以键入更多的代码，这里是典型代码
    }
}
```

修改例 6.1，增加一个简单的属性 NUM，让它与字段 num 相关联，以控制对 num 的灵活访问。

```
using System;
using System.Collections.Generic;
using System.Linq;
using System.Text;
namespace p21chenyuan
{
    class People
    {
        private   int num;   //此处将访问修饰符改为 private
        public int NUM     //此处增加一个简单的属性 NUM，让它与字段 num 相关联
        {
            get { return num; }
            set { num = value; }
        }

        public static int TotalPeople = 0; //static 静态变量，记录进入会场人员总数
```

```
        //static 静态方法
        public static void ShowTotalPeople()
        {
            Console.WriteLine("现在共有{0}个人进入会场", TotalPeople);
        }

        public void ShowQuery(string name)
        {
            Console.WriteLine("{0}是第{1}个进入会场的人", name, num);
        }

        //构造函数
        public People()
        {
            TotalPeople++;
            num = TotalPeople;
        }

        //析构函数
        ~People()
        {
            TotalPeople--;
        }
    }

    class myclass
    {
        static void Main(string[] args)
        {
            People.ShowTotalPeople();
            People MrGreen = new People(); //格林先生进入会场
//此处修改为简单的属性 NUM，字段 num 在此处不能使用，对简单的属性 NUM 进行读取操作
            Console.WriteLine("MrGreen 是第{0}个进会场的人", MrGreen.NUM );
            //此处增加一行代码，对简单的属性 NUM 进行写入操作
            MrGreen.NUM = 100;
            People.ShowTotalPeople();
            People MrSmith = new People();
            People MrAllen = new People();
```

```
            MrSmith.ShowQuery("MrSmith");
            MrAllen.ShowQuery("MrAllen");
            People.ShowTotalPeople();
            People pPeople;
            People.ShowTotalPeople();
            pPeople = MrSmith;
            pPeople.ShowQuery("pPeople");
            Console.ReadLine();
        }
    }
}
```

分析执行过程:

先设置两个断点，如图 6.4 所示。然后单击“调试”/“逐语句”，或者直接按 F11，然后继续按 F11……，底部选择“自动窗口”，当执行到黄色箭头这句时，如图 6.5 所示。

```
class People
{
    private  int num;  //用来记录是第几个人
    public int NUM
    {
        get  { return num; }
        set  { num = value; }
    }
```

图 6.4

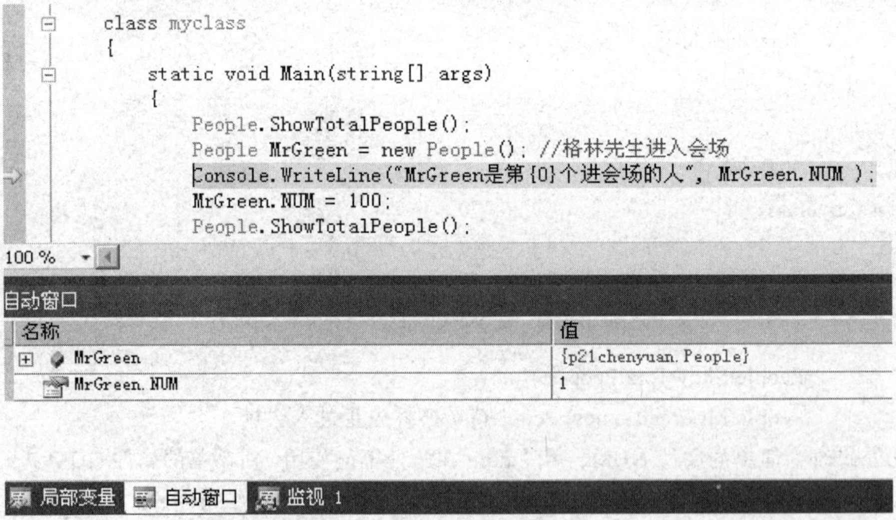

```
class myclass
{
    static void Main(string[] args)
    {
        People.ShowTotalPeople();
        People MrGreen = new People(); //格林先生进入会场
        Console.WriteLine("MrGreen是第{0}个进会场的人", MrGreen.NUM );
        MrGreen.NUM = 100;
        People.ShowTotalPeople();
```

100 %

自动窗口

名称	值
MrGreen	{p21chenyuan.People}
MrGreen.NUM	1

局部变量 自动窗口 监视 1

图 6.5

继续按 F11，执行流程转到 People 类里的“get { return num; }”，如图 6.6 所示。

```
class People
{
    private  int num;  //用来记录是第几个人
    public int NUM
    {
        get { return num; }
        set { num = value; }
    }

    public static int TotalPeople = 0; //static 静态变量，记录进入会场人员总数

    //static 静态方法
    public static void ShowTotalPeople()
    {
        Console.WriteLine("现在共有{0}个人进入会场", TotalPeople);
    }
```

100 %

自动窗口

名称	值
num	1
this	{p21chenyuan.People}

图 6.6

继续按 F11，程序流程回到“Console.WriteLine("MrGreen 是第{0}个进会场的人", MrGreen.NUM);”，此时看到“MrGreen.NUM”的值已成功读取，就是字段 num 的值 1，如图 6.7 所示。

```
{
    People.ShowTotalPeople();
    People MrGreen = new People(); //格林先生进入会场
    Console.WriteLine("MrGreen是第{0}个进会场的人", MrGreen.NUM );
    MrGreen.NUM = 100;
    People.ShowTotalPeople();
    People MrSmith = new People();
    People MrAllen = new People();
```

100 %

自动窗口

名称	值
MrGreen	{p21chenyuan.People}
MrGreen.NUM	1

图 6.7

继续按 F11，执行到“MrGreen.NUM = 100;”，如图 6.8 所示。

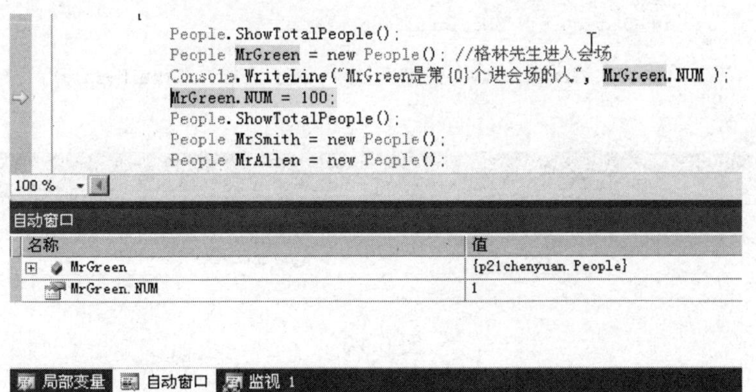

图 6.8

继续按 F11，执行流程转到 People 类里的“set { num = value; }”，此时已能看到 value 的

值就是 100，如图 6.9 所示。

```
class People
{
    private  int num;  //用来记录是第几个人
    public int NUM
    {
        get { return num; }
        set { num = value; }
    }

    public static int TotalPeople = 0; //static 静态变量，记录进入会场人员总数

    //static 静态方法
    public static void ShowTotalPeople()
    {
        Console.WriteLine("现在共有{0}个人进入会场", TotalPeople);
    }
```

名称	值
num	1
this	{p21chenyuan.People}
value	100

图 6.9

继续按 F11，把 value 的值 100 赋值给字段 num，可以看到字段 num 的值变成了 100，如图 6.10 所示。

```
class People
{
    private  int num;  //用来记录是第几个人
    public int NUM
    {
        get { return num; }
        set { num = value; }
    }

    public static int TotalPeople = 0; //static 静态变量，记录进入会场人员总数

    //static 静态方法
    public static void ShowTotalPeople()
    {
        Console.WriteLine("现在共有{0}个人进入会场", TotalPeople);
    }
```

名称	值
num	100
this	{p21chenyuan.People}
value	100

图 6.10

上面的执行过程如图 6.11 所示。

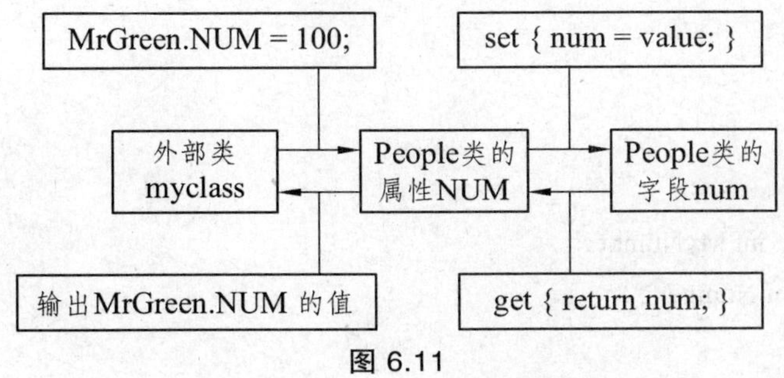

图 6.11

如果没有使用属性，只使用字段，执行过程如图 6.12 所示。

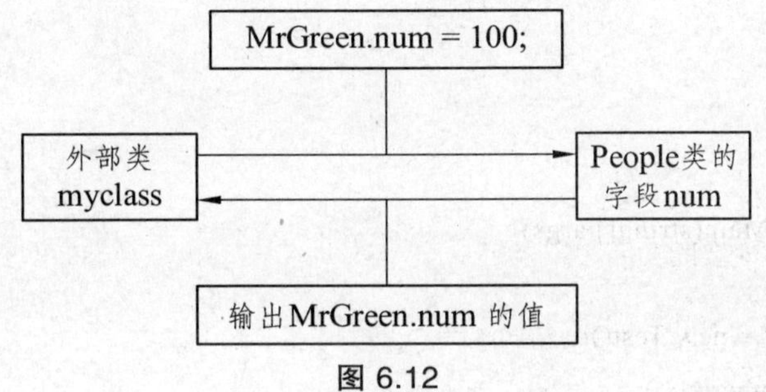

图 6.12

总结：不使用属性，而只使用字段，外部类对字段的访问：读和写均可。

当使用属性与字段相关联时，外部类对字段的访问：只读（属性定义中只有 get 语句，表明属性的值只能进行读出而不能设置）；只写（属性定义中只有 set 语句，表明属性的值只能进行设置而不能读出）；读和写均可（属性定义中既有 get 语句又有 set 语句，表明属性的值既能进行读出又能进行设置）。

读者不难发现：通过属性，外部类对字段的访问控制更加灵活了，更能满足实际需要。

习题六

1. 编写一个控制台应用程序，创建一个类 Test，它存储一个 int 类型的字段（field）MyNumber，并给该字段（field）创建一个相对应的属性（property）Number，当该字段（field）被存储时，将其乘以 100；当字段（field）被读取时，将其除以 100，即在 MyNumber 中存储的是厘米，在 Number 中显示的是米。在主函数中验证。

程序代码如下：

```
using System;
using System.Collections.Generic;
using System.ComponentModel;
using System.Data;
using System.Drawing;
using System.Linq;
using System.Text;
using System.Windows.Forms;
```

```
namespace lx1
{
class Test
    {
        private    int MyNumber;
        public int Number
        {
            get { return MyNumber / 100; }
            set { MyNumber = value * 100; }
        }
    }
class Program
    {
        static void Main(string[] args)
        {
            Test t = new Test();
            t.Number = 10;
            Console.WriteLine(t.Number);
            Console.ReadLine();
        }
    }
}
```

第 7 章　面向对象编程技术

本章要点：面向对象编程基本思想的介绍；类与对象的建立，构造函数与析构函数的使用；继承与多态的使用；接口的使用方式。

引言：C 语言是面向过程程序设计语言的代表，它在使用中有很多缺点，例如：

- 功能与数据分离，不符合人们对现实世界的认识，要保持功能与数据的相容也十分困难。
- 基于模块的设计方式，导致软件修改困难。
- 自顶向下的设计方法，限制了软件的可重用性，降低了开发效率，也导致最后开发出来的系统难以维护。

为了解决结构化程序设计的诸多问题，面向对象编程技术也就被提出。面向对象编程是创建计算机应用程序的一种较新的方法，它解决了所谓的传统编程技巧带来的问题。在传统的应用程序中，执行流程常常是简单的、线性的，即把应用程序加载到内存中，从 A 点开始执行，在 B 点结束，然后从内存中卸载，在这个过程中可能用到其他各种实体。而使用面向对象编程（OOP），尽管可以得到相同的效果，但其实现方式是完全不同的。OOP 技术以结构、数据的含义以及数据与数据之间的交互操作为基础。这通常意味着要把更多的精力放在项目的设计阶段，但项目的可扩展性比较高。一旦对某种类型的数据的表达方式达成一致，这种表达方式就会应用到应用程序以后的版本中，甚至是全新的应用程序中。这种一致的表达方式可以大大减少开发时间，增加了代码重用机会。C#语言支持面向对象的所有关键概念：封装、继承和多态。

7.1　面向对象编程基本思想

面向对象编程（OOP）与过程编程语言（如 C、Pascal 等）有几方面不同之处，任何东西在 OOP 中都是通过对象组织起来的。从最纯粹的观念上定义面向对象编程：通过向对象发送消息来实现。可以这样认为："面向对象=对象+类+继承+通信"。如果一个软件系统是使用这四个概念来设计和实现的，那么就认为这个软件系统是面向对象的。

1. 类（Class）与对象（Object）

通俗地说，抽象的人类就是一个类，某个具体的人（如张三、李四）就是人类的一个对象；抽象的尺子为一个类，具体的某把尺子就是一个对象。事实上，任何事物都能用类和对象来描述，这也是符合哲学规律的。类（对象）分为两部分：一部分是描述行为的，即方法/函数；另一部分是描述特征的，即字段/属性。比如，人的年龄、身高就是描述特征的，人吃饭、开车就是描述行为的。如果是静态的成员，则属于抽象的类，如果是非静态的成员，则属于具体的对象。

类是对对象的一种抽象。比如每一辆汽车都是一个对象的话，所有的汽车就可以抽象成为一个模板，就叫汽车类。在一个类中，每个对象都是从类产生的，没有其他途径。

2. 类的继承

继承是使用已存在的类作为基础来建立新类。新类中继承了现有类所声明的成员；又可以自己声明成员。现有类叫做基类，而新类叫做派生类。例如，动物作为一个类已经存在，狗就可以从动物类中继承。它继承动物类所声明的成员：如眼睛、耳朵这些特征，奔跑和饮食这些行为。同时它还可以声明自身的成员，如一般动物不具备的犬吠。这样做的好处在于：眼睛和耳朵这些特征、奔跑和饮食这些行为就不需要再重复声明了，这就叫代码重用，这种复用技术大大降低了软件开发的成本。

7.2 类与对象的建立

类的声明格式如下：

```
class-modifers   class   classname
{
  //……
}
```

其中 class-modifers 为类的修饰符，classname 为类的类名。

常见的类的修饰符：

public——表示不限制对该类的访问。

protected——表示只能在所在类和所在类的子类访问它。

internal——表示只能在当前编译单元中访问它，internal 访问修饰符是根据代码所在的位置决定可见性。

private——表示只能在所在类访问它。因此，即使是子类也不能访问它。

abstract——抽象类，不允许建立类的实例；

sealed——密封类，不允许被继承；

复习例 6.1　类的成员使用举例，记录进入会场的人数。

程序代码：

```
using System;
using System.Collections.Generic;
using System.Linq;
using System.Text;

namespace p21chenyuan
```

```
{
    class People
    {
        public int num;   //用来记录是第几个人

        public static int TotalPeople = 0; //static 静态变量，记录进入会场人员总数

        //static 静态方法
        public static void ShowTotalPeople()
        {
            Console.WriteLine("现在共有{0}个人进入会场", TotalPeople);
        }

        public void ShowQuery(string name)
        {
            Console.WriteLine("{0}是第{1}个进入会场的人", name, num);
        }

        //构造函数
        public People()
        {
            TotalPeople++;
            num = TotalPeople;
        }

        //析构函数
        ~People()
        {
            TotalPeople--;
        }
    }

    class myclass
    {
        static void Main(string[] args)
        {
            People.ShowTotalPeople();
            People MrGreen = new People(); //格林先生进入会场
            Console.WriteLine("MrGreen 是第{0}个进会场的人", MrGreen.num);
```

```
            //……省略这些语句
            Console.ReadLine();
        }
    }
}
```

单击“调试”/“逐语句”，或者直接按 F11，然后继续按 F11……底部选择“自动窗口”，当执行到“People MrGreen = new People();”语句时，如图 7.1 所示。

```
class myclass
{
    static void Main(string[] args)
    {
        People.ShowTotalPeople();
        People MrGreen = new People(); //格林先生进入会场
        Console.WriteLine("MrGreen是第{0}个进会场的人", MrGreen.num  );
        People.ShowTotalPeople();
        People MrSmith = new People();
```

100 %

自动窗口

名称	值
MrGreen	null

图 7.1

此时，MrGreen 的值为 null，表示 MrGreen 还没有具体的对象，并未赋值。继续按 F11，执行赋值运算符右边的表达式，程序执行流程转到构造函数 People()，即调用构造函数 People()，如图 7.2 所示。

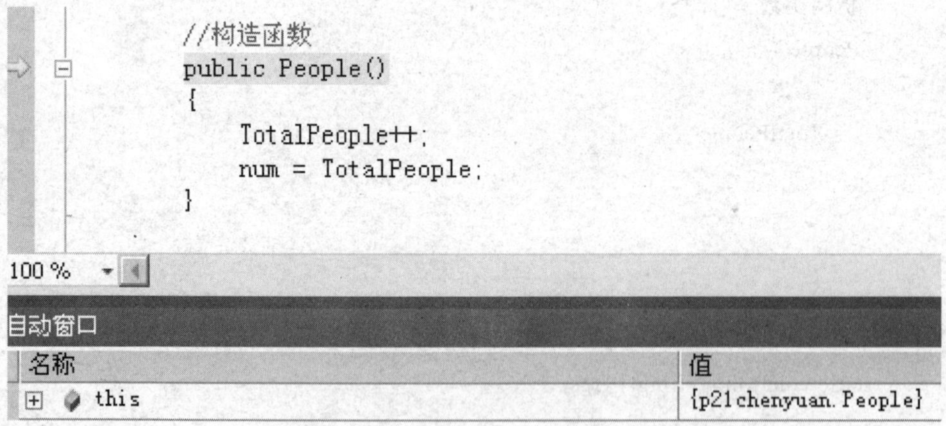

图 7.2

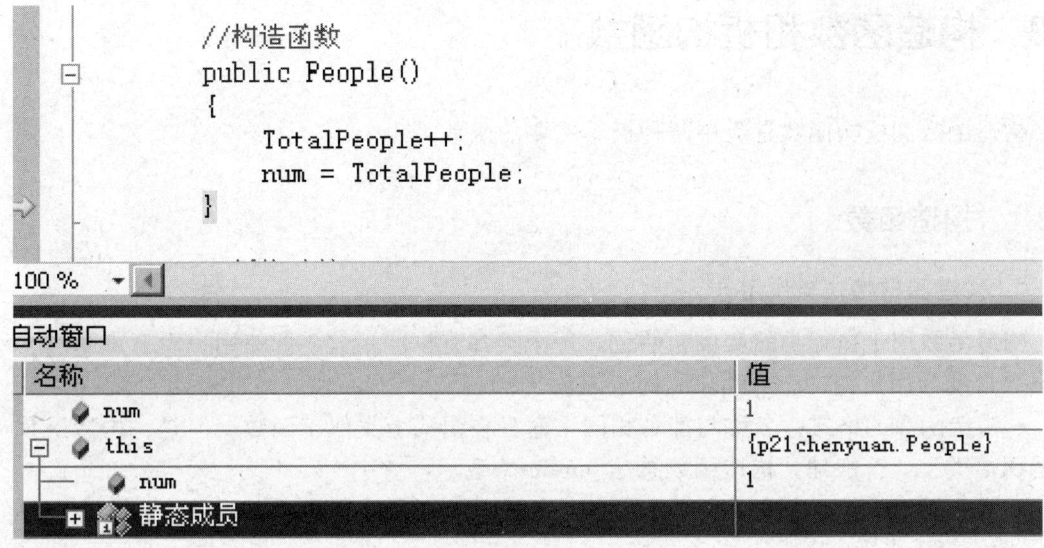

图 7.3

当构造函数 People()执行完毕，如图 7.3 所示，产生了一个对象“this”，“this”的 num 字段值等于 1。继续按 F11，“People MrGreen = new People();”已完成赋值，如图 7.4 所示。

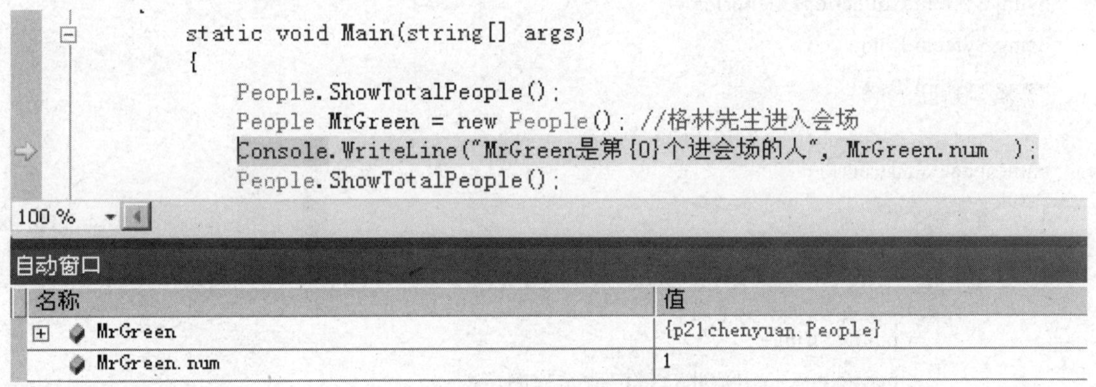

图 7.4

此时，MrGreen 不再为 null，MrGreen 就是刚才构造函数产生的对象“this”，即把对象“this”赋给了 MrGreen。可以看到 MrGreen 的 num 字段值等于 1，与对象“this”一致。

总结：“new 构造函数”的作用就是产生一个对象，即

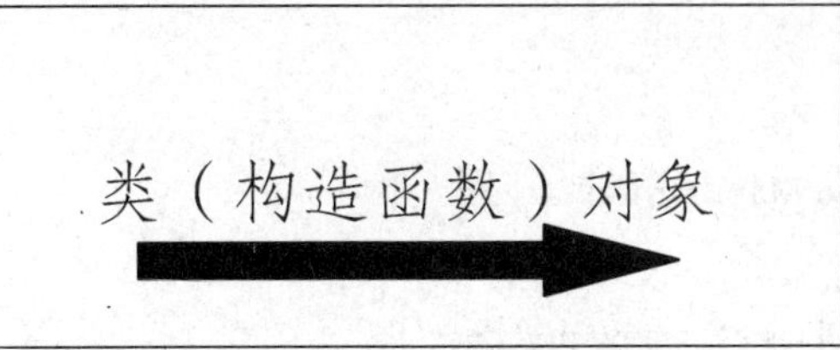

7.3 构造函数和析构函数

构造函数和析构函数是类中两种极其重要的函数。

7.3.1 构造函数

1. 构造函数格式与作用

构造函数用于执行类的实例初始化。每个类都有构造函数，即使用户没有声明它，编译器也会自动为用户提供一个默认的构造函数。

• 构造函数的格式：名称与类名相同，而且在语法上类似于函数。但是，构造函数不能有返回值类型。一般地，构造函数总是 public 类型。

• 构造函数的作用：产生一个对象，并初始化该对象（通俗地说，就是确定该对象的字段/属性值等于多少？）。

例 7.1 类的构造函数举例。

程序代码：

```
using System;
using System.Collections.Generic;
using System.Linq;
using System.Text;

namespace construct_1
{
    class myClass
    {
        public string s;
        public myClass()//此处是构造函数的声明
        {
            s = "you are welcome";
        }
    }

    class Program
    {
        static void Main(string[] args)
        {
            myClass c1 = new myClass();
            Console.WriteLine(c1.s);
            myClass c2 = new myClass();
```

```
                Console.WriteLine("Enter your name:");
                string name = Console.ReadLine();
                Console.WriteLine(c2.s + " " + name);
                Console.ReadLine();
            }
        }

}
```

程序运行结果如下：

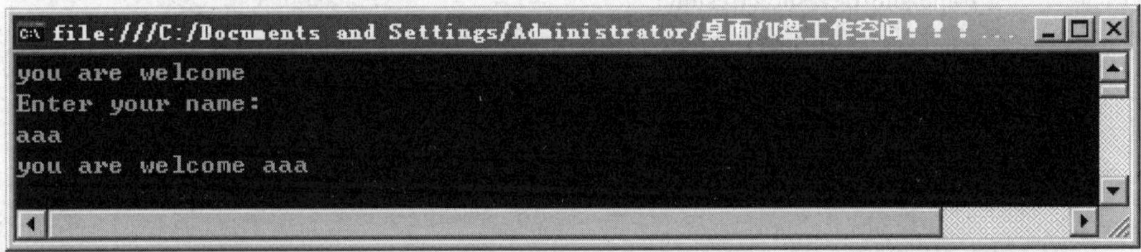

代码中已注明构造函数。在产生对象时，就会调用类的构造函数。请读者思考：c1.s 与 c2.s 的值等于多少？为什么？两者相等吗？（当然可以使用 F11 来验证……）

类的构造函数可以没有参数，如上例。当然，也可以拥有多个参数。一个类也可以有多个构造函数，但它们的参数个数和参数类型不能完全相同。在类产生对象的时候，会自动根据参数的类型和参数的个数去寻找匹配的构造函数。下面就是关于类有多构造函数的例子。

例 7.2　创建一个有四个构造函数的类，用于计算点、矩形、梯形、圆的面积。

程序代码：

```
using System;
using System.Collections.Generic;
using System.Linq;
using System.Text;

namespace Construct_2
{
    class Test
    {
        static void Main(string[] args)
        {
            //点面积
            Console.WriteLine("点面积为:");
            Area pointArea = new Area();
            pointArea.showResult();
            //矩形面积
            Console.WriteLine("矩形面积为:");
```

```
            Area rectangleArea = new Area(5, 4);
            rectangleArea.showResult();
            //圆面积
            Console.WriteLine("圆面积为:");
            Area circleArea = new Area(2.5);
            circleArea.showResult();
            //梯形面积
            Console.WriteLine("梯形面积为:");
            Area trapezoidArea = new Area(2, 4, 5);
            trapezoidArea.showResult();
            Console.ReadLine();
        }
    }
    class Area
    {
        public double myArea = 0;
        public void showResult()
        {
            Console.WriteLine(" {0}", myArea);    //此处可以改成 this. myArea
        }
        public Area(double x, double y)
        {
            myArea = x * y;    //此处可以改成 this. myArea
        }
        public Area()
        {
            myArea = 0;
        }
        public Area(double r)
        {
            myArea = 3.1415926 * r * r;
        }
        public Area(double a, double b, double h)
        {
            myArea = (a + b) * h / 2;
        }
    }
}
```

程序运行结果如下：

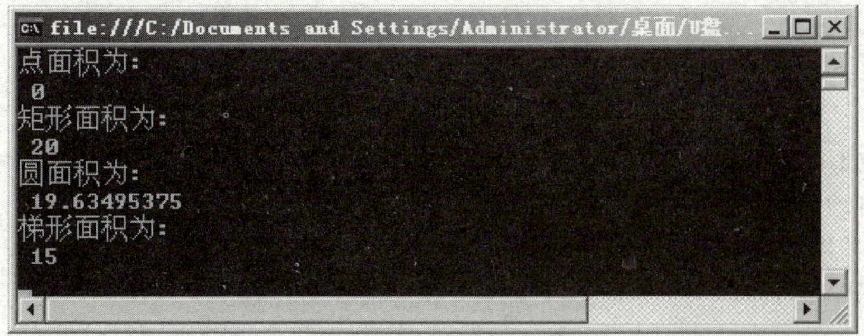

例 7.2 有 4 个构造函数，它们的名称相同，都与类名一样，但是它们的参数个数和参数类型各不相同，编译器可以帮用户识别并且匹配，从而找到正确的构造函数来调用。

2. this 关键字

若将例 7.2 修改为：

```
public void showResult()
        {
            Console.WriteLine(" {0}", this.myArea);      //此处可以改成 this. myArea
        }
        public Area(double x, double y)
        {
            this.myArea = x * y;     //此处可以改成 this. myArea
        }
```

再运行程序，会发现运行结果保持不变。

关键字 this 在构造函数、类的方法中的含义为：

在类的构造函数中出现的 this，表示正在产生的这个对象，见 Area 构造函数。

在类的非静态方法中出现的 this，表示调用该方法的对象。例如执行“rectangleArea.showResult();”时，会执行“Console.WriteLine(" {0}", this.myArea);”，此时的 this 就是指 rectangleArea 这个对象。

注意：有时加不加“this.”，程序行结果都一样，但加了程序可读性更好。但有时为了区分同名变量，就必须得加。

7.3.2　析构函数

在使用 new 运算符给对象分配动态空间时，由于计算机内存也是有限的，可能会被用完，因此在类的实例超出一定范围时，我们希望它所占的存储空间能被收回。C#中提供了析构函数，用于专门释放对象占用的系统资源。

析构函数的名字与类名也相同，只是在前面加了一个符号“~”。析构函数不接受任何参数，也不返回任何值。

析构函数的基本形式为：

```
~classname()
```

```
{
   // code;
}
```

析构函数不能由程序员显式调用。当某个类的对象被认为符合析构的条件时，析构函数就会被系统自动调用。

例 7.3 使用析构函数进行垃圾收集。

程序代码：

```
using System;
using System.Collections.Generic;
using System.Linq;
using System.Text;

namespace destruct1
{
    class Destruct
    {
        public int x;
        //构造函数
        public Destruct(int i)
        {
            x = i;
        }
        //析构函数
        ~Destruct()
        {
            Console.WriteLine("Destructing " + x.ToString());
        }
        //建立对象
        public void construct(int i)
        {
            Destruct d = new Destruct(i);
        }
    }
    class DestructDemo
    {
        static void Main(string[] args)
        {
            int count;
            Destruct ob = new Destruct(0);
```

```
            for (count = 1; count <= 100000; count++)
            {
                ob.construct(count);
            }
            Console.WriteLine("Done");
            Console.ReadLine();
        }
    }
}
```

程序运行结果如下：

此例中 for 循环执行 100000 次，就会调用构造函数 100000 次，产生 100000 个对象（这里对象的个数要设置适当，太少了就不会调用析构函数，太多了调用析构函数的次数会很多，很消耗时间）。在此过程中，多次释放对象占用的系统资源，如图 7.5 所示，最后一行表示在释放“字段 x 的值为 74165 的对象”占用的系统资源。

7.4　继承与多态

本节介绍 C#面向对象中两个最为有力的机制——继承与多态。

7.4.1 继承

1. 继承语法

继承的引入，就是在类之间建立一种相交关系，使得新定义的派生类可以继承已有的基类的特征和行为，而且可以加入新的特征和行为，从而建立起类的层次。

继承的作用：是为了代码的重用，这种复用技术大大降低了软件开发成本。

类继承的基本语法是：

```
class A
{
    //Acode;
}
class B:A
{
//Bcode;
}
```

上述代码就是类继承的基本样式。类 B 继承于类 A，可把类 A 称作父类（也叫基类），类 B 称作子类（也叫派生类）。派生类从基类中继承除了构造函数和析构函数以外的所有成员，如函数、字段、属性、事件和索引器等。

例 7.4 关于类继承的一个小例子。

程序代码：

```
using System;
using System.Collections.Generic;
using System.Linq;
using System.Text;
using System.Drawing;
/*此处要引用 Drawing 这个命名空间，下面才能直接使用“Color”类型。引用之前，还需要：
点“项目”菜单，“添加引用”/“.NET”，选中“System.Drawing”这一行，点“确定”即可。*/
namespace jicheng1
{
    class Fruit
    {
        public double weight;//重量
        public int count;     //数量
        public Color color;  //颜色


    }
    class Orange : Fruit
    {
        public string taste;//口味
        public Orange(double Pweight, int Pcount, Color Pcolor, string Ptaste)
        {
            weight = Pweight;
            count = Pcount;
```

```
            color = Pcolor;
            taste = Ptaste;
        }
        public void Description()
        {
            Console.WriteLine("weight={0},count={1},color={2},taste={3}", weight, count, color, 
taste);
            Console.WriteLine("taste well,isn't?");
        }
    }

    class Test
    {
        static void Main(string[] args)
        {
            Orange or = new Orange(2.5, 10, Color.OrangeRed, "quite good");
            or.Description();
        }
    }
}
```

按 Ctrl+F5 键，程序运行结果如下：

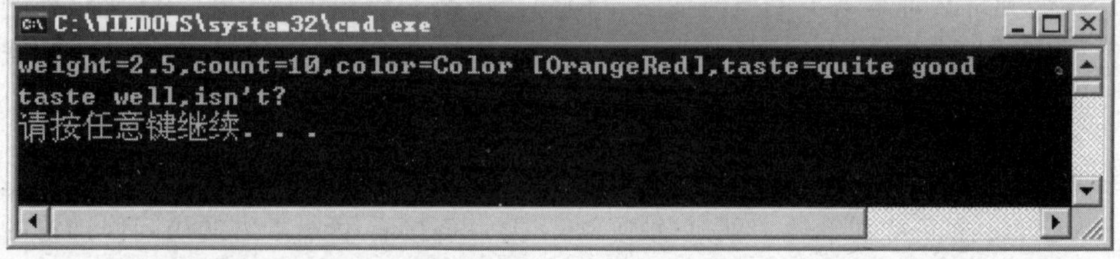

在例 7.4 中，Orange 类继承自 Fruit 类， Orange 类继承了 Fruit 类的三个字段，并在构造函数中使用了继承而来的三个字段，同时还增加了 taste 字段及 Description 这个方法。也就是说，Orange 类共有四个字段、一个方法、一个构造函数。

可以这样通俗地理解继承：Orange 类有这三个字段，只是这三个字段是声明在 Fruit 类中而已。基于 Fruit 类的访问修饰符决定了可以使用的范围。此例中，全是用的 public，事实上，若把 public 换成 protected 是完全可以的，请大家回忆一下前面第 6 章讲的访问修饰符的意义就明白了。

```
protected double weight;//重量
protected int count;      //数量
protected Color color;   //颜色
```

如果改成 private，当然会报错的！

private double weight;//重量

继续修改上面例子：若在 Fruit 类增加一个方法 Description2（ ），如下：

```
class Fruit
    {
        public double weight;//重量
        public int count;      //数量
        public Color color;   //颜色
        public void Description2()
        {
            Console.WriteLine("weight={0},count={1},color={2}", weight, count, color);
            Console.WriteLine("taste well,isn't?");
        }
    }
```

此时，Orange 类继承了 Fruit 类的三个字段及一个方法 Description2（ ），同时还增加了 taste 字段及 Description（ ）这个方法。也就是说 Orange 类共有四个字段、两个方法、一个构造函数。继承这样理解，是不是非常简单？

2. 继承常用规则

C#中的继承有以下常用的规则：

- 继承是可以传递的。如果类 C 继承于类 B，同时类 B 又继承于类 A，那么类 C 不仅继承了类 B 中声明的成员，同样也继承了类 A 中的成员。Object 类是所有类的基类。
- 派生类自然继承基类的所有成员，但构造函数、析构函数除外！除此以外的其他成员，不论使用了怎样的访问修饰符，都能被继承。基类成员的访问修饰符只能决定派生类能否访问它们，能否访问与能否继承不是一回事！如前面“private double weight;//重量”，Orange 类仍然继承了 weight 字段，只是在 Orange 类中不能使用 weight 字段而已。这里 weight 的访问修饰符 private 意义特别单纯，就是基于 Fruit 类，直接看第 6 章讲的访问修饰符的意义就明白了。
- 派生类定义中如果声明了与基类同名的成员，则基类的同名成员在派生类中将被覆盖（Override）！此时派生类自己声明的同名成员生效。

3. 覆盖（Override）

为了说明 override 的意义，我们继续修改上面的例子：

程序代码：

```
using System;
using System.Collections.Generic;
using System.Linq;
using System.Text;
```

```
using System.Drawing;
/*此处要引用 Drawing 这个命名空间，下面才能直接使用“Color”类型。引用之前，还需要：
点“项目”菜单，“添加引用”/“.NET”，选中“System.Drawing”这一行，点“确定”即可。*/

namespace jicheng1
{
    class Fruit
    {
        public double weight;//重量
        public int count;    //数量
        public Color color;  //颜色
        public virtual void Description()
        {
            Console.WriteLine("weight={0},count={1},color={2}", weight, count, color);
            Console.WriteLine("taste well,isn't?");
        }

    }
    class Orange : Fruit
    {
        public string taste;//口味
        public Orange(double Pweight, int Pcount, Color Pcolor, string Ptaste)
        {
            weight = Pweight;
            count = Pcount;
            color = Pcolor;
            taste = Ptaste;
        }
        public override void Description()
        {
            Console.WriteLine("weight={0},count={1},color={2},taste={3}", weight, count, color,
taste);
            Console.WriteLine("taste well,isn't?");
        }
    }
```

```
    class Test
    {
        static void Main(string[] args)
        {
            Orange or = new Orange(2.5, 10, Color.OrangeRed, "quite good");
            or.Description();
        }
    }
}
```

声明虚方法（virtual）与覆盖方法（override）：

基类：public virtual void 方法名称(参数列表) {}

派生类：public override void 方法名称(参数列表){}

其中：只有方法名称(参数列表) 必须完全一致，才能叫同名的成员，virtual 与 override 相对应。

根据上面讲的覆盖的继承规则，最后一句“or.Description();”执行的是哪个类声明的 Description 方法？是基类 Fruit 类？还是派生类 Orange 类？很显然是派生类 Orange 类自己声明的 Description 方法。当然程序运行结果也证实了这一点，输出的数据有 4 个，而不是 3 个。

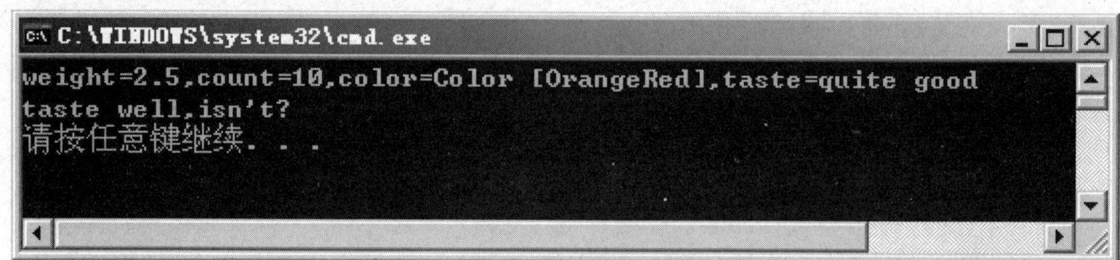

读者可通过按 F11 更直观、明白无误地展现这一过程。

7.4.2 多 态

多态的用处：大大提高程序的“可维护性”！

随着软件产业的发展，软件成本中的开发成本和维护成本的比例，也从以前的接近 1：1 达到了近期的 1：2，也就是说现在的软件越来越不容易维护了。举个实例：某学校 2003 年购买一套教务管理系统，价格 20 万元。该系统当时采用的是 ASP 技术开发，各个方面反应都很不错。但随着时间的推移，到了 2010 年，由于要采用学分制，因此必须对该系统进行维护升级，增加学分制方面的功能。于是学校找到软件公司，提出了升级维护系统的意愿。没想到的是：软件公司竟然拒绝了学校的想法！学校不明白了？是不是经费不够？于是提出以 20 万元的价格进行系统升级维护！再次没想到的是：软件公司还是拒绝了！事实就是：要升级维护该系统，工作量大得惊人！不亚于重新开发一个系统，20 万元当然不够！后来的解决方案是：以 20 万元的价格，引入一套新的教务管理系统，新系统用 ASP.NET 技术开发，把原有的数据库移植到新系统中来，再进行升级维护，增加学分制方面的功能。很快就达到了学校的要求！很明显：新系统比旧系统软件维护的成本大大降低。原因就在于，新系统采用了 C#完全面向对象技术来开发，在这些技术中，核心标志就是支持“多态”！

继续修改例 7.4，使其成为一个简单的多态例子。

程序代码：

```
using System;
using System.Collections.Generic;
using System.Linq;
using System.Text;
using System.Drawing;
namespace duotai
{
    class Fruit
    {
        public double weight;//重量
        public int count;       //数量
        public Color color;   //颜色

        public virtual void Description()
        {
            Console.WriteLine("这里是基类（Fruit 类）");
        }
    }
    class Orange : Fruit
    {
        public string taste;//口味
        public Orange(double Pweight, int Pcount, Color Pcolor, string Ptaste)
        {
            weight = Pweight;
            count = Pcount;
            color = Pcolor;
            taste = Ptaste;
        }
        public override void Description()
        {
            Console.WriteLine("这里是派生类（Orange 类）:");
    Console.WriteLine("weight={0},count={1},color={2},taste={3}", weight, count, color, taste);
        }
```

```
    }
    class Apple : Fruit
    {
        public string size;
        public Apple(double Pweight, int Pcount, Color Pcolor, string Psize)
        {
            weight = Pweight;
            count = Pcount;
            color = Pcolor;
            size = Psize;
        }
        public override void Description()
        {
            Console.WriteLine("这里是派生类（Apple 类）:");
            Console.WriteLine("weight={0},count={1},color={2},size={3}", weight, count, color,
size);
        }
    }
    class Test
    {
        static void Main(string[] args)
        {
            Fruit fr = new Fruit(); //此时 fr 是 Fruit 类的对象
            fr.Description(); //此时执行 Fruit 类声明的 Description 方法
            Orange or = new Orange(2.5, 10, Color.OrangeRed, "quite good");
            or.Description(); //此时执行 Orange 类声明的 Description 方法
            fr = or;      //此时 fr 是 Orange 类的对象 or
            fr.Description(); //此时等价于"or.Description(); "
            Apple ap = new Apple(3.4, 20, Color.Red, "very big");
            ap.Description(); //此时执行 Apple 类声明的 Description()方法
            fr = ap;       //此时 fr 是 Apple 类的对象 ap
            fr.Description(); //此时等价于"ap.Description(); "
        }
    }
}
```

按 Ctrl+F5 键，程序运行结果如下：

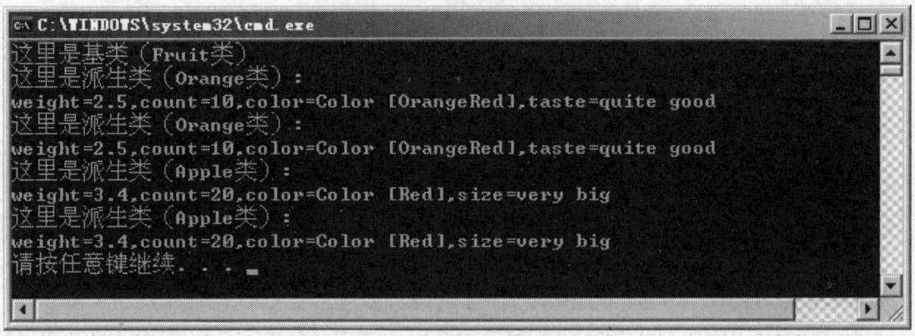

```
C:\WINDOWS\system32\cmd.exe
这里是基类（Fruit类）
这里是派生类（Orange类）：
weight=2.5,count=10,color=Color [OrangeRed],taste=quite good
这里是派生类（Orange类）：
weight=2.5,count=10,color=Color [OrangeRed],taste=quite good
这里是派生类（Apple类）：
weight=3.4,count=20,color=Color [Red],size=very big
这里是派生类（Apple类）：
weight=3.4,count=20,color=Color [Red],size=very big
请按任意键继续. . .
```

多态到底是什么意思？

下面从两个方面来理解：

一方面：从格式上看，fr 是 Fruit 类的对象，三个完全相同的语句“fr.Description();”就应该执行 Fruit 类声明的 Description 方法。

另一方面：从实质上看，Fruit 类的对象 fr 先后被赋予 Orange 类的对象 or 以及 Apple 类的对象 ap，即“fr = or;”“fr = ap;”。在执行过程中，由于是“引用类型”的赋值，赋的其实就是地址，当“fr = or;”赋值后，fr 指向的就是 or 这个对象，不再是原来的对象。那么此时“fr.Description();”就等价于“or.Description();”，实际运行结果也是如此。同理：“fr = ap;”赋值后，fr 指向的就是 ap 这个对象，不再是原来的对象。那么此时“fr.Description();”就等价于“ap.Description();”，实际运行结果也是如此。

综合这两个方面发现：三个完全相同的语句“fr.Description();”，在实际执行时却执行了三个完全不同的方法，我们把这种奇怪的现象就叫做多态（一种格式，多种状态）！ 多态之所以能产生，关键在于“引用类型”的赋值，这里是指**子类对象**能够赋值给**父类对象变量**，这点是以前的语言（如 C、VB）做不到的。

由上面例子看出，这里 fr 的 Description 方法实现了多态性，并且“fr.Description();”究竟执行哪个方法，不是在程序编译时确定的，而是在程序运行时动态来确定的。

为了进一步说明多态的好处，下面继续优化上面的例子：

只需要修改 Test 类：

```
class Test
    {
        static void Main(string[] args)
        {
            Fruit fr = new Fruit();  //此时 fr 是 Fruit 类的对象
            ddd(fr);      //此时执行 Fruit 类声明的 Description 方法
            Orange or = new Orange(2.5, 10, Color.OrangeRed, "quite good");
            or.Description();  //此时执行 Orange 类声明的 Description 方法
            ddd(or);      //此时等价于“or.Description();”
            Apple ap = new Apple(3.4, 20, Color.Red, "very big");
            ap.Description(); //此时执行 Apple 类声明的 Description()方法
            ddd(ap);      //此时等价于“ap.Description();”
```

```
        }
        static void ddd(Fruit f)
        {
            f.Description();
        }
    }
```

程序运行结果保持不变！那这样的优化有什么意义？

这里把上面三个完全相同的语句“fr.Description();”提取出来，专门写成一个方法 ddd。原来三个“fr.Description();”语句的地方改为调用 ddd 方法来实现。这里采用了应用程序分层的思想。

应用程序分层有个好处：今后如果再增加 Fruit 类的子类，比如 banana 类、watermelon 类等，要实现同样的功能，我们只需要调用 ddd 方法就可以了，只是实参由相应的对象组成。但是有一层代码始终不会改变，那就是 ddd 方法本身的声明，一点也用不着改变！这样对于维护程序的人员可以有一个明确的界限，只要维护到 ddd 方法这里，就不再需要改动代码了。这里只是一个小程序，如果是比较大的软件，这种思想和模式在软件维护中就会有很大的价值，能节约相当大的成本。事实上，现在的软件设计典范 MVC，使用的就是这种思想和模式。

这里还实现了中国古代的哲学思想：“以不变应万变”，不变就是 ddd 方法本身的声明，应万变就是调用 ddd 方法时实参可以是任何的子类对象，并且最终执行的是各自子类声明的 Description 方法，达成应万变的目标，示意图如图 7.5 所示。是不是很有意思？

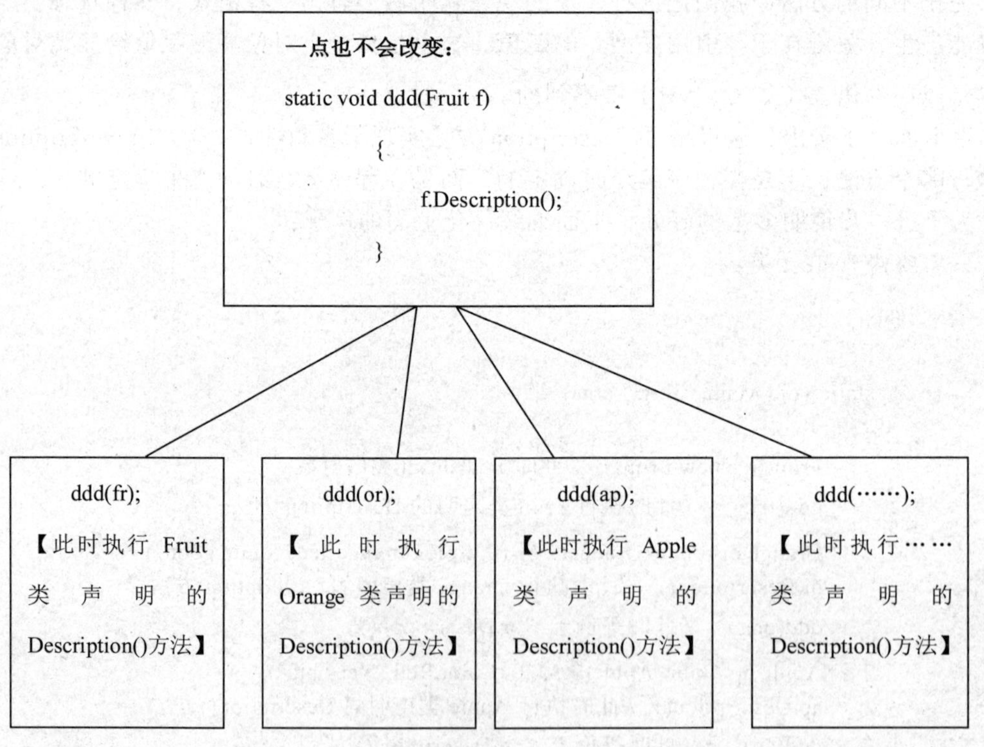

图 7.5

7.5 接　口

接口只包含成员定义，不包含成员的实现，接口的成员包括方法、属性、索引器和事件，但接口不包含字段。类或者结构继承于接口，一旦继承了一个接口，就必须在类或者结构中实现它。

接口具有下列特性：

- 值得注意的是，接口是不可以单独存在的，不能像实例化一个类那样实例化一个接口。
- 当一个类实现一个接口时，这个类就必须实现整个接口，而不能选择实现接口的某一部分。
- 接口不能包含描述其成员的任何代码，而只能定义成员本身，执行过程必须在继承接口的类中实现。
- 一个类可以实现多个接口，若要实现多个接口，必须将这些接口之间用逗号“,”隔开，一个类可以继承一个基类，并同时实现一个或多个接口。

接口的声明格式：

```
interface-modifiers   interface   interfacename
{
type   method-name1(param-list);
type   method-name2(param-list);
type   method-name3(param-list);
…………
}
```

其中，interface-modifiers 为接口修饰符，接口仅可使用这些修饰符：new、public、protected、internal、private。其中 public、protected、internal、private 这几个修饰符定义了对接口的访问权限，与前面类的访问修饰符意义类似。

例 7.5　使用接口实现一组以 3 为增量的数值序列。

程序代码：

```
using System;
using System.Collections.Generic;
using System.Text;

namespace Example10of7
{
    public   interface ISeris
    {
        int getNext();
        void reset();
        void setStart(int x);
    }
```

```
class AddThree : ISeris
{
    int start;
    int val;
    public AddThree()
    {
        start = 0;
        val = 0;
    }
    public int getNext()
    {
        start = 0;
        val +=3;
        return val;
    }
    public void reset()
    {
        val = start;
    }
    public void setStart(int x)
    {
        start = x;
        val = start;
    }

}
class Program
{
    static void Main(string[] args)
    {
        AddThree at = new AddThree();
        for (int i = 1; i <= 5; i++)
        {
            Console.WriteLine(at.getNext());
        }
        Console.WriteLine("start at 100");
        at.reset();
        at.setStart(100);
```

```
                for (int i = 1; i <= 5; i++)
                {
                    Console.WriteLine(at.getNext());
                }


            }
        }
}
```

按 Ctrl+F5 键，程序运行结果如下：

在上面这个例子中，先是定义了接口 ISeris，而后定义了类 AddThree，这个类继承于接口 ISeris。由此可以看到，类 AddThree 实现了接口 ISeris 的所有函数成员，而且还添加了自己的成员。这样，就可以在 Main 函数中对类 AddThree 进行实例化，最终实现程序的设计目的。

习题七

1. 编写一个控制台应用程序，完成下列功能，并写出运行程序后输出的结果。

（1）创建一个类 A，在 A 中编写一个可以被重写的带 int 类型参数的方法 MyMethod，并在该方法中输出传递的整型值后加 10 后的结果。

（2）再创建一个类 B，使其继承自类 A，然后重写 A 中的 MyMethod 方法，将 A 中接收的整型值加 50，并输出结果。

（3）在 Main 方法中分别创建 A 和类 B 的对象，然后分别调用 MyMethod 方法。

程序代码如下：

```
using System;
using System.Collections.Generic;
```

```
using System.ComponentModel;
using System.Data;
using System.Drawing;
using System.Linq;
using System.Text;
using System.Windows.Forms;
namespace lx1
{
class Program
    {
        static void Main(string[] args)
        {
            A a = new A();
            a.MyMethod(10);
            B b = new B();
            b.MyMethod(10);
          a= b;
            a.MyMethod(10);
            Console.ReadLine();
        }
    }
    class A
    {
        public virtual void MyMethod(int i)
        {
            i += 10;
            Console.WriteLine(i);
        }
    }
    class B : A
    {
        public override void MyMethod(int i)
        {
            i += 50;
            Console.WriteLine(i);
        }
    }
}
```

第 8 章　Windows 窗体应用程序设计

本章要点：Windows 窗体应用程序的基本组成结构；常用简单控件的介绍；多文档窗体与窗体设计的事件机制。

8.1　窗体设计

窗体（Form）是一个窗口或对话框，是存放各种控件（包括标签、文本框、命令按钮等）的容器，可用来向用户显示信息。

8.1.1　创建 Windows 窗体应用程序的过程

添加一个窗体的操作步骤是：选择“项目”/“添加 Windows 窗体”菜单命令，在出现的“添加新项”对话框中，选中“Windows 窗体”，输入相应的“名称”（这里为 Form2.cs），单击“添加”按钮。一个 Windows 应用程序可以包含多个窗体。

8.1.2　窗体类型

在 C#中，窗体分为两种类型：

（1）普通窗体，也称为单文档窗体（SDI）。前面所有创建的窗体均为普通窗体。而普通窗体又分为如下两种：

- 模式窗体。这类窗体在屏幕上显示后用户必须响应，只有在它关闭后才能操作其他窗体或程序。
- 无模式窗体。这类窗体在屏幕上显示后用户可以不必响应，可以随意切换到其他窗体或程序进行操作。在通常情况下，当建立新的窗体时，都默认设置为无模式窗体。

（2）MDI 父窗体，即多文档窗体，其中可以放置普通子窗体。

8.1.3　窗体的常用属性

窗体的常用属性名称及说明如表 8.1 所法。

表 8.1　窗体常用属性

名　称	说　明
ActiveControl	获取或设置容器控件上的活动控件
ActiveForm	获取此应用程序的当前活动窗体
ActiveMdiChild	获取当前活动的多文档界面（MDI）子窗体
AutoScroll	获取或设置一个值，该值指示窗体是否实现自动滚动
AutoSize	根据 AutoSizeMode 的设置调整窗体的大小
AutoSizeMode	获取或设置窗体自动调整自身大小的模式
BackColor	获取或设置控件的背景色
BackgroundImage	获取或设置在控件中显示的背景图像
BackgroundImageLayout	获取或设置在 ImageLayout 枚举中定义的背景图像布局
CanFocus	获取一个值，该值指示控件是否可以接收焦点
ContextMenu	获取或设置与控件关联的快捷菜单
ContextMenuStrip	获取或设置与此控件关联的 ContextMenuStrip
Enabled	获取或设置一个值，该值指示控件是否可以对用户交互作出响应
Focused	获取一个值，该值指示控件是否有输入焦点
Font	获取或设置控件显示的文字字体
Height	获取或设置控件的高度
MainMenuStrip	获取或设置窗体的主菜单容器
MaximizeBox	获取或设置一个值，该值指示是否在窗体的标题栏中显示“最大化”按钮
MdiChildren	获取窗体的数组，这些窗体表示以此窗体作为父级的多文档界面（MDI）子窗体
MdiParent	获取或设置此窗体的当前多文档界面（MDI）父窗体
Menu	获取或设置在窗体中显示的 MainMenu
MinimizeBox	获取或设置一个值，该值指示是否在窗体的标题栏中显示“最小化”按钮
MinimumSize	获取或设置窗体可调整到的最小
Name	获取或设置控件的名称
Size	获取或设置窗体的大小
TabIndex	获取或设置在容器控件的 Tab 键顺序
TabStop	获取或设置一个值，该值指示用户能否使用 Tab 键将焦点放到该控件上
Text	获取或设置与此控件关联的文本
VerticalScroll	获取与垂直滚动条相关联的特性
Visible	获取或设置一个值，该值指示是否显示该控件及其所有子控件
VScroll	获取或设置一个值，该值指示垂直滚动条是否可见
Width	获取或设置控件的宽度
WindowState	获取或设置窗体的窗口状态

8.1.4　窗体的常用事件

离体的常用事件如表 8.2 所示。

表 8.2　窗体的常用事件

名　称	说　明
Activated	当使用代码激活或用户激活窗体时发生
AutoSizeChanged	当 AutoSize 属性更改时发生
BackColorChanged	当 BackColor 属性的值更改时发生
Click	在单击控件时发生
Closed	关闭窗体后发生
Closing	在关闭窗体时发生
ContextMenuChanged	当 ContextMenu 属性的值更改时发生
ContextMenuStripChanged	当 ContextMenuStrip 属性的值更改时发生
Deactivate	当窗体失去焦点并不再是活动窗体时发生
Disposed	当通过调用 Dispose 方法释放组件时发生
DoubleClick	在双击控件时发生
EnabledChanged	在 Enabled 属性值更改后发生
FontChanged	在 Font 属性值更改时发生
ForeColorChanged	在 ForeColor 属性值更改时发生
FormClosed	关闭窗体后发生
FormClosing	关闭窗体前发生
GotFocus	在控件接收焦点时发生
KeyDown	在控件有焦点的情况下按下键时发生
KeyPress	在控件有焦点的情况下按下键时发生
KeyUp	在控件有焦点的情况下释放键时发生
Load	在第一次显示窗体前发生
LostFocus	当控件失去焦点时发生
MdiChildActivate	在多文档界面（MDI）应用程序内激活或关闭 MDI 子窗体时发生
MenuStart	当窗体菜单接收焦点时发生
MouseCaptureChanged	当控件失去或获得鼠标捕获时发生
MouseClick	在鼠标单击该控件时发生
MouseDoubleClick	当用鼠标双击控件时发生
Resize	在调整控件大小时发生
TabIndexChanged	基础结构。当 TabIndex 属性的值更改时发生
TextChanged	在 Text 属性值更改时发生
VisibleChanged	在 Visible 属性值更改时发生

8.1.5 窗体的常用方法

窗体的常用方法如表 8.3 所示。

表 8.3 窗体常用方法

名　称	说　明
Activate	激活窗体并给予它焦点
ActivateMdiChild	激活窗体的 MDI 子窗体
Close	关闭窗体
Dispose ()	释放由 Component 使用的所有资源
Dispose(Boolean)	释放由 Form 占用的资源（内存除外）
Focus	为控件设置输入焦点
Hide	对用户隐藏控件
Refresh	强制控件使其工作区无效并立即重绘自己和任何子控件
Select ()	激活控件
Show	向用户显示控件
ShowDialog ()	将窗体显示为模式对话框，并将当前活动窗口设置为它的所有者
ShowDialog(IWin32Window)	将窗体显示为具有指定所有者的模式对话框
Update	使控件重绘其工作区内的无效区域

8.1.6 多个窗体之间的调用

例 8.1 多个窗体之间的调用举例。

1. Form1 窗体

（1）设计界面。

前面讲过 Windows 窗体应用程序的例子，Forml. 就是两个按钮，如图 8.1 所示，比较简单，自己试着设计。

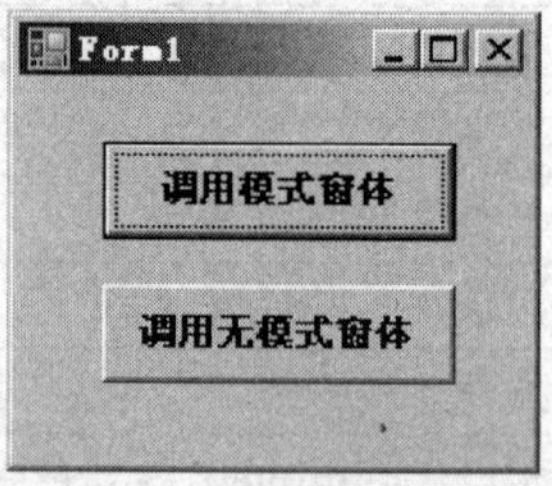

图 8.1 空体调用举示例

（2）程序代码。

Form1.cs 文件：程序员编写代码，一般都写在这个文件中。

```
using System;
```

```
using System.Collections.Generic;
using System.ComponentModel;
using System.Data;
using System.Drawing;
using System.Text;
using System.Windows.Forms;
//引用命名空间部分

namespace Proj8_1
{
    public partial class Form1 : Form    //Form1 窗体类从 Form 类继承
    {
        public Form1()   //Form1 窗体类的构造函数
        {
          InitializeComponent(); //调用初始化方法，其代码在 Form1.Designer.cs 文件中
        }

        private void button1_Click(object sender, EventArgs e)
        {
            Form1_1 myform = new Form1_1();     //声明 Form1_1 类的对象
            myform.ShowDialog();       //以模式窗体方式调用
        }

        private void button2_Click(object sender, EventArgs e)
        {
            Form1_2 myform = new Form1_2(); //声明 Form1_2 类的对象
            myform.Show();                  //以无模式窗体方式调用


        }
    }
}
```

Form1.Designer.cs 文件：系统自动生成的文件，一般不需要程序员改动它。了解一下，可以帮助我们理解 Windows 窗体应用程序究竟是怎么构成的？

```
namespace Proj8_1
{
    partial class Form1
    {
        /// <summary>
        /// 必需的设计器变量。
```

```
        /// </summary>
        private System.ComponentModel.IContainer components = null;

        /// <summary>
        /// 清理所有正在使用的资源。
        /// </summary>
/// <param name="disposing">如果应释放托管资源，为 true；否则为 false。</param>
        protected override void Dispose(bool disposing)
        {
            if (disposing && (components != null))
            {
                components.Dispose();
            }
            base.Dispose(disposing);
        }

        #region Windows 窗体设计器生成的代码

        /// <summary>
        /// 设计器支持所需的方法 - 不要
        /// 使用代码编辑器修改此方法的内容。
        /// </summary>
        private void InitializeComponent() //初始化方法，Form1 窗体类的构造函数调用的就是它
        {
            this.button1 = new System.Windows.Forms.Button();
            this.button2 = new System.Windows.Forms.Button();
            this.SuspendLayout();
            //
            // button1
            //
            this.button1.Font = new System.Drawing.Font("宋体", 9F, System.Drawing.FontStyle.
             Bold, System.Drawing.GraphicsUnit.Point, ((byte)(134)));
            this.button1.Location = new System.Drawing.Point(28, 21);
            this.button1.Name = "button1";
            this.button1.Size = new System.Drawing.Size(117, 33);
            this.button1.TabIndex = 0;
            this.button1.Text = "调用模式窗体";
            this.button1.UseVisualStyleBackColor = true;
            this.button1.Click += new System.EventHandler(this.button1_Click);
```

```
            //
            // button2
            //
            this.button2.Font = new System.Drawing.Font("宋体", 9F, System.Drawing. FontStyle.
            Bold, System.Drawing.GraphicsUnit.Point, ((byte)(134)));
            this.button2.Location = new System.Drawing.Point(28, 69);
            this.button2.Name = "button2";
            this.button2.Size = new System.Drawing.Size(117, 33);
            this.button2.TabIndex = 1;
            this.button2.Text = "调用无模式窗体";
            this.button2.UseVisualStyleBackColor = true;
            this.button2.Click += new System.EventHandler(this.button2_Click);
            //
            // Form1
            //
            this.AutoScaleDimensions = new System.Drawing.SizeF(6F, 12F);
            this.AutoScaleMode = System.Windows.Forms.AutoScaleMode.Font;
            this.ClientSize = new System.Drawing.Size(169, 128);
            this.Controls.Add(this.button2);
            this.Controls.Add(this.button1);
            this.Name = "Form1";
            this.StartPosition = System.Windows.Forms.FormStartPosition.CenterScreen;
            this.Text = "Form1";
            this.ResumeLayout(false);
        }
        #endregion

        private System.Windows.Forms.Button button1; //非静态的私有字段
        private System.Windows.Forms.Button button2; //非静态的私有字段
    }
}
```

Form1.cs 文件与 Form1.Designer.cs 文件一起，构成了一个完整的 Form1 类。正因为如此，一个 Form1 类分成两部分放在两个不同的文件中，所以有个关键字“partial”修饰，即分部类，编译时会自动将所有部分组合起来构成一个完整的类声明。

2. Form1_1 窗体

（1）设计界面。

添加标签 Label 控件，如图 8.2 所示。

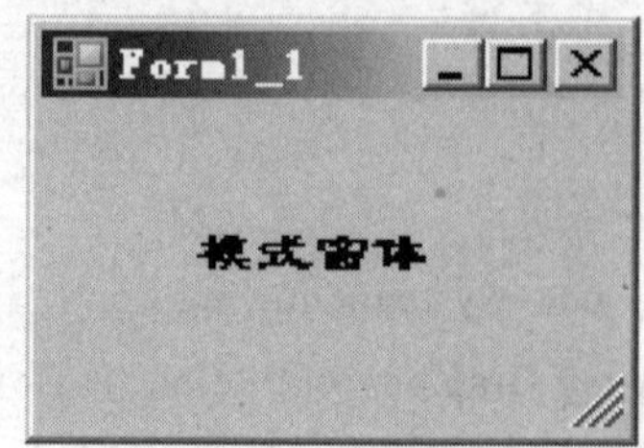

图 8.2 模式窗体示例

（2）程序代码。

此处不需要编写代码，保持原样。

3. Form1_2 窗体

（1）设计界面。

添加标签 Label 控件，如图 8.3 所示。

图 8.3 无模式窗体示例

（2）程序代码。

此处不需要编写代码，保持原样。

4. Program.cs 文件

```
using System;
using System.Collections.Generic;
using System.Windows.Forms;

namespace Proj8_1
{
    static class Program
    {
        /// <summary>
        /// 应用程序的主入口点
        /// </summary>
        [STAThread]
        static void Main()
```

```
        {
            Application.EnableVisualStyles();
            Application.SetCompatibleTextRenderingDefault(false);
            Application.Run(new Form1());   //启动窗体为 Form1 窗体类的对象
        }
    }
}
```

注意：Form1 是窗体类，用户执行程序时运行的并不是 Form1 窗体类本身，而是运行的 Form1 窗体类产生的对象，事实就是"Application.Run(new Form1());"这条语句，实参是"new Form1()"，通过前面的学习知道，"new Form1()"就产生了一个 Form1 窗体类的对象。

5. 运行程序

按 F5 运行本程序，体会模式窗体与无模式窗体的区别。

8.1.7　窗体上各事件的引发顺序

（1）当一个窗体启动时，执行事件过程的次序如下：

① 本窗体上的 Load 事件过程。
② 本窗体上的 Activated 事件过程。
③ 本窗体上的其他 Form 级事件过程。
④ 本窗体上包含对象的相应事件过程。

（2）一个窗体被卸载时，执行事件过程的次序如下：

① 本窗体上的 Closing 事件过程。
② 本窗体上的 FormClosing 事件过程。
③ 本窗体上的 Closed 事件过程。
④ 本窗体上的 FormClosed 事件过程。

8.1.8　焦点与 Tab 键次序

焦点（Focus）是指当前处于活动状态的窗体或控件。要将焦点移到当前窗体中的 textBox1 文本框，可以使用以下语句："textBox1.Focus();"。

8.2　常用的控件设计

8.2.1　控件概述

控件是包含在窗体上的对象，是构成用户界面的基本元素，也是 C#可视化编程的重要工具。工具箱中包含了建立应用程序的各种控件，根据控件的不同用途可将控件分为若干个选项卡，可根据用途单击相应的选项卡，将其展开，选择需要的控件。

大多数控件共有的基本属性如下：

（1）Name 属性：代码中用来标识该对象的名称。

（2）Text 属性：控件显示的文本。

（3）尺寸大小（Size）和位置（Location）属性。

（4）字体属性（Font）。

（5）颜色属性（BackColor 和 ForeColor）。

（6）Cursor 属性。

（7）可见（Visible）和有效（Enabled）属性。

8.2.2 富文本框控件

提供类似 Microsoft Word 能够输入、显示或处理具有格式的文本。

例 8.2 设计一个窗体，说明富文本框的使用方法。

Form2 窗体：

（1）设计界面，如图 8.4 所示。

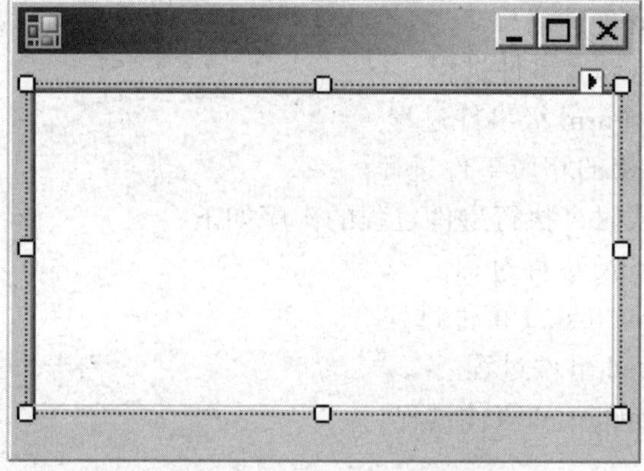

图 8.4 富文本框控件示例

（2）事件过程。

```
private void Form2_Load(object sender, EventArgs e)
    {
        richTextBox1.LoadFile(@"C:\Documents and Settings\Administrator\桌面\U盘工作空间!!! \2012-2013-2 内容-c#基础-now!!! \1.txt", RichTextBoxStreamType.PlainText );

    }
```

将本窗体设计为启动窗体，即把“Application.Run(new Form1());”改成“Application.Run(new Form2());”。运行本项目，在富文本框 RichtextBox1 中显示“C:\Documents and Settings\Administrator\桌面\U 盘工作空间!!! \2012-2013-2 内容-c#基础-now!!! \1.txt”文件的内容，如图 8.5 所示。

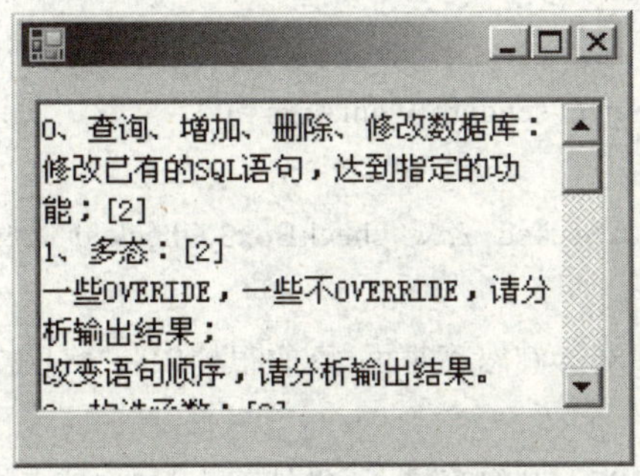

图 8.5　富文本框控件效果

8.2.3　分组框控件

分组框控件十分简单，用作界面美观作用，读者可查相关资料。

8.2.4　面板控件

面板控件十分简单，用作界面美观的作用，这里不作介绍。

8.2.5　复选框控件

复选框控件属于选择类控件，用来设置需要或不需要某一选项功能。在运行时，如果用户用鼠标单击复选框左边的方框，方框中就会出现一个“√”符号，表示已选取；再次单击复选框左边的方框，方框中的“√”符号会消失，表示取消选取。复选框的功能是独立的，如果在同一窗体上有多个复选框，用户可根据需要任意选取。

（1）主要属性。Checked：获取或设置一个布尔值，该值指示是否已选中控件。如果为 True，则指示选中状态；否则为 False（默认值）。

（2）主要事件：Click

例 8.3　设计一个窗体，说明复选框的应用。

Form3 窗体：

（1）设计界面，如图 8.6 所示。

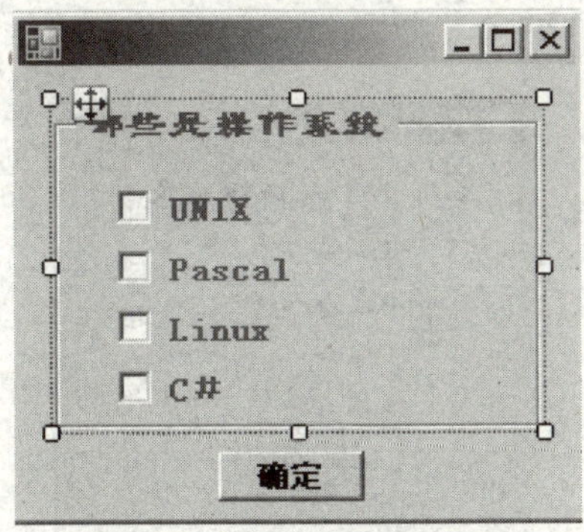

图 8.6　复选框控件示例

（2）事件过程。

```
private void button1_Click(object sender, EventArgs e)
        {
            if (checkBox1.Checked && checkBox3.Checked && !checkBox2.Checked && !完
checkBox4. Checked)
                MessageBox.Show("您答对了,真的很棒!!!","信息提示",Message Box Buttons. OK);
            else
                MessageBox.Show("您答错了,继续努力吧","信息提示", Message Box Buttons.OK);
        }
```

将本窗体设计为启动窗体，即把“Application.Run(new Form2());”改成“Application. Run(new Form3());”。运行本项目，界面如图 8.7 所示。

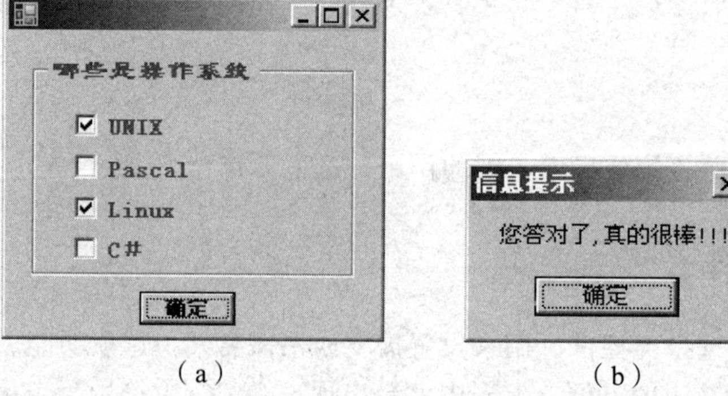

（a） （b）

图 8.7 复选框控件效果

8.2.6 单选按钮控件

单选按钮是多选一，只能从多个选项中选择一个，各选项间的关系是互斥的。

单选按钮使用时经常用多个控件构成一个组，同一时刻只能选择同一组中的一个单选按钮。因此，经常将单选按钮放在一个分组框中构成一个选项组。

例 8.4 设计一个窗体，说明单选按钮的使用方法。

Form4 窗体：

（1）设计界面，如图 8.8 所示。

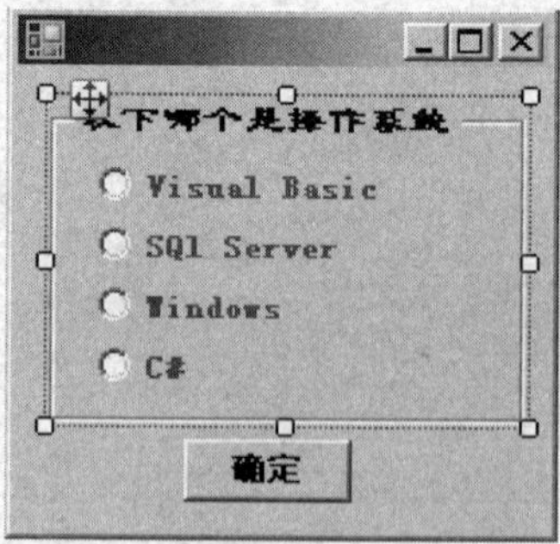

图 8.8 单选按钮控件示例

（2）事件过程。

```
private void button1_Click(object sender, EventArgs e)
    {
        if (radioButton3.Checked)
            MessageBox.Show("您选对了,这是微软公司开发的操作系统","信息提示",
            MessageBoxButtons.OK);
        else if (radioButton1.Checked || radioButton4.Checked)
            MessageBox.Show(" 您 选 错 了 , 这 是 程 序 设 计 语 言 ", " 信 息 提 示 ",
            MessageBoxButtons.OK);
        else
            MessageBox.Show(" 您 选 错 了 , 这 是 数 据 库 管 理 系 统 ", " 信 息 提 示 ",
            MessageBoxButtons.OK);
    }
```

将本窗体设计为启动窗体，即把“Application.Run(new Form3());”改成“Application.Run(new Form4());”。运行本项目，界面如图 8.9 所示。

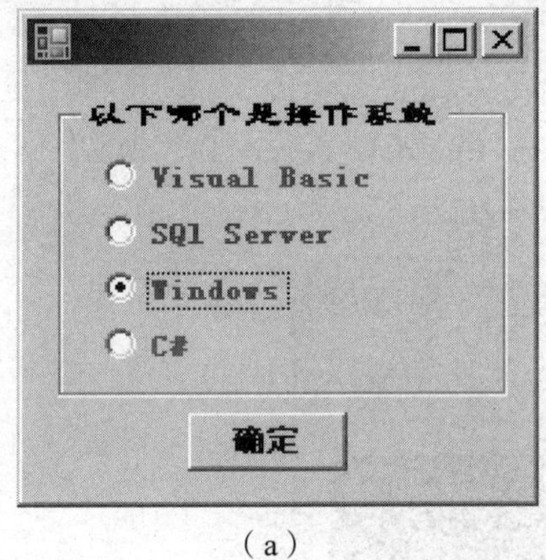

（a）

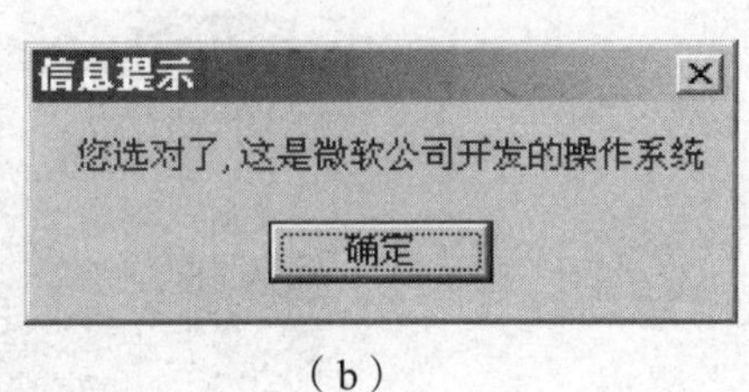

（b）

图 8.9　单选按钮控件效果

8.2.7　图片框控件

图片框控件用于在窗体的特殊位置上放置图形信息，也可以在其上放置多个控件，因此它可作为其他控件的容器。主要属性为 Image：获取或设置图片框中显示的图像。在运行时再使用 Image.FromFile 函数加载图像。

例 8.5　设计一个窗体，以选择命令按钮方式显示春、夏、秋、冬 4 个季节的图片。

Form5 窗体：

（1）设计界面，如图 8.10 所示。

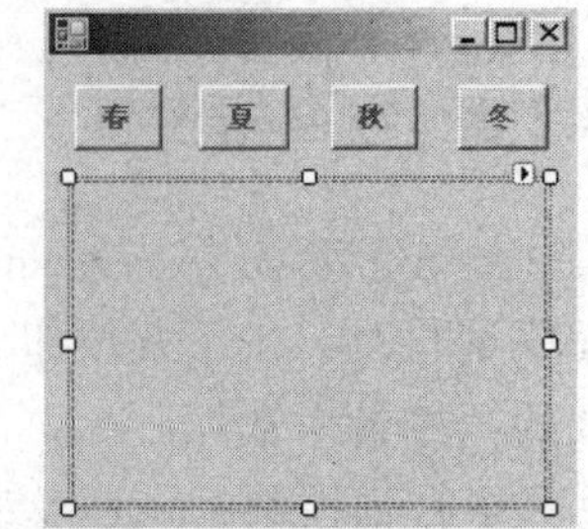

图 8.10　图片框控件示例

（2）事件过程。

```
private void button1_Click(object sender, EventArgs e)
```

```
{
    pictureBox1.Image = Image.FromFile("c:\\ch8\\spring.jpg");
}

private void button2_Click(object sender, EventArgs e)
{
    pictureBox1.Image = Image.FromFile("c:\\ch8\\summer.jpg");
}

private void button3_Click(object sender, EventArgs e)
{
    pictureBox1.Image = Image.FromFile("c:\\ch8\\fall.jpg");
}

private void button4_Click(object sender, EventArgs e)
{
    pictureBox1.Image = Image.FromFile("c:\\ch8\\winter.jpg");
}
```

将本窗体设计为启动窗体，即把“Application. Run(new Form4());”改成“Application. Run(new Form5());”。运行本项目，界面如图 8.11 所示。

图 8.11 图片框控件效果

8.2.8 组合框控件

从一个列表中一次只能选取或输入一个选项，其主要特点是具有带向下箭头的方框。在程序运行时，按下此按钮就会下拉出一个列表框供用户选择项目。另外，还可以在组合框上方的框中输入数据。

组合框控制的属性及说明如表 8.4 所示。

表 8.4 组合框控件属性

组合框的属性	说明
DropDownStyle	获取或设置指定组合框样式的值。可取以下值之一： • DropDown（默认值）：文本部分可编辑。用户必须单击箭头按钮来显示列表部分 • DropDownList：用户不能直接编辑文本部分。用户必须单击箭头按钮来显示列表部分 • Simple：文本部分可编辑。列表部分总可见
DropDownWidth	获取或设置组合框下拉部分的宽度（以像素为单位）
DropDownHeight	获取或设置组合框下拉部分的高度（以像素为单位）
Items	表示该组合框中所包含项的集合
SelectedItem	获取或设置当前组合框中选定项的索引
SelectedText	获取或设置当前组合框中选定项的文本
Sorted	指示是否对组合框中的项进行排序

组合框的 Items 属性是最重要的属性，它是存放组合框中所有项的集合。对组合框的操作实际上就是对该属性即项集合的操作，Items 的属性、方法、事件如表 8.5、8.6、8.7 所示。

表 8.5 Items 的属性

Items 的属性	说明
Count	组合框的项集合中项个数

表 8.6 Items 的方法

Items 的方法	说明
Add	向 ComboBox 项集合中添加一个项
AddRange	向 ComboBox 项集合中添加项的数组
Clear	移除 ComboBox 项集合中的所有项
Contains	确定指定项是否在 ComboBox 项集合中
Equqls（object）	判断指定的 object 是否等于当前对象
GetType	获取当前实例的 Type
Insert	将一个项插入到 ComboBox 项集合中指定的索引处
IndexOf	检索指定的项在 ComboBox 项集合中的索引
Remove	从 ComboBox 项集合中移除指定的项
RemoveAt	移除 ComboBox 项集合中指定索引处的项

表 8.7 组合框的事件

组合框的事件	说明
Click	在单击控件时发生
TextChanged	在 Text 属性值更改时发生
SelectedIndexChanged	在 SelectedIndcx 属性值改变时发生
KeyPress	在控件有焦点的情况下按下键时发生

例 8.6　设计一个窗体，通过一个文本框向组合框中添加项。

Form6 窗体：

（1）设计界面，如图 8.12 所示。

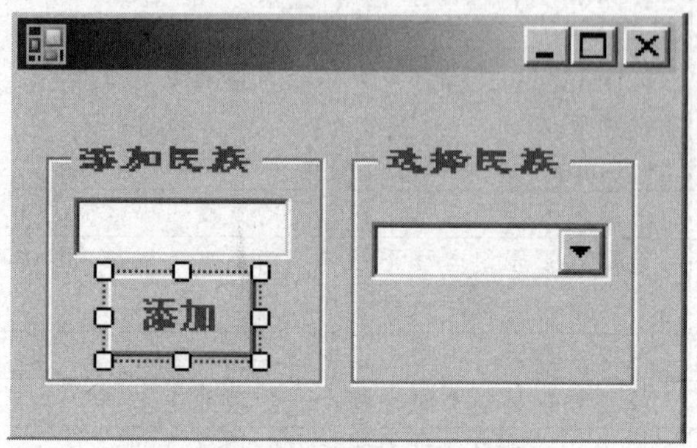

图 8.12　组合框控件示例

（2）事件过程。

```
private void button1_Click(object sender, EventArgs e)
        {
            if (textBox1.Text != "")
                if (!comboBox1.Items.Contains(textBox1.Text))
                    comboBox1.Items.Add(textBox1.Text); //不添加重复项
        }
```

将本窗体设计为启动窗体，即把“Application.Run(new Form5());”改成“Application.Run(new Form6());”。运行本项目，界面如图 8.13 所示。

图 8.13　组合框控件效果

8.2.9　列表框控件

列表框控件是一个为用户提供选择的列表，用户可从列表框列出的一组选项中用鼠标选取一个或多个所需的选项。如果有较多的选择项，超出规定的区域而不能一次全部显示时，C#会自动加上滚动条。与组合框类似。列表框控件属性如表 8.8 所示。

表 8.8　列表框控件属性

列表框的属性	说明
MultiColumn	获取或设置列表框控件是否支持多列。设置为 True，则支持多列，设置为 False（默认值），则不支持多列
SelectedIndex	获取或设置列表框控件中当前选定项从 0 开始的索引
SelectedIndices	获取一个集合，它包含所有当前选定项的从 0 开始的索引
SelectedItem	获取或设置列表框控件中当前选定项
SelectedItems	获取一个集合，它包含所有当前选定项
Items	获取列表控件项的集合
SelectionMode	获取或设置列表框控件的选择模式。可选以下值之一： • one：表示只能选择一项 • none：表示无法选择 • MultiSimple：表示可以选择多项 • MultiExtended：表示可以选择多项。并且按下 Shift 键的同时单击鼠标或者同时按下 Shift 键和箭头键，会将选定内容从前一选定项扩展到当前项，按下 Ctrl 键的同时单击鼠标将选择或撤销选择列表中的某项
Text	当前选取的选项文本

例 8.7　设计一个窗体，其功能是在两个列表框中移动数据项。

Form7 窗体：

（1）设计界面，如图 8.14 所示。

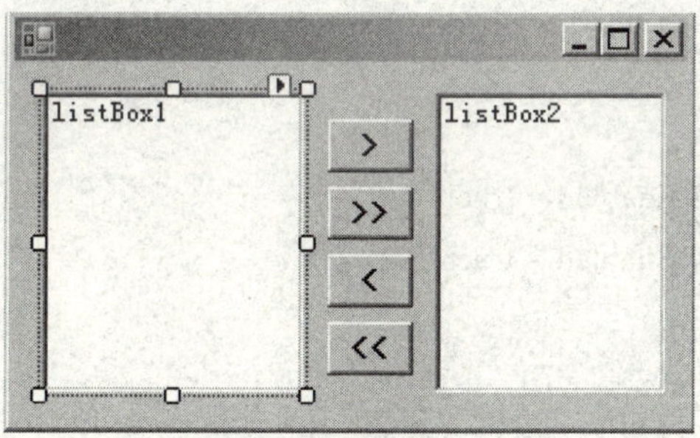

图 8.14　列表框控件示例

（2）事件过程。

```
private void Form7_Load(object sender, EventArgs e)
        {
            listBox1.Items.Add("清华大学");
            listBox1.Items.Add("北京大学");
            listBox1.Items.Add("浙江大学");
            listBox1.Items.Add("南京大学");
            listBox1.Items.Add("武汉大学");
            listBox1.Items.Add("中国科技大学");
            listBox1.Items.Add("中国人民大学");
```

```
        listBox1.Items.Add("华中科技大学");
        listBox1.Items.Add("复旦大学");
        enbutton();            //调用 enbutton()方法
    }
    private void enbutton()        //自定义方法
    {
        if (listBox1.Items.Count == 0)
        {
            button1.Enabled = false;
            button2.Enabled = false;
        }
        else
        {
            button1.Enabled = true;
            button2.Enabled = true;
        }
        if (listBox2.Items.Count == 0)
        {
            button3.Enabled = false;
            button4.Enabled = false;
        }
        else
        {
            button3.Enabled = true;
            button4.Enabled = true;
        }
    }

    private void button1_Click(object sender, EventArgs e)
    {
        if (listBox1.SelectedIndex >= 0)
        {
            listBox2.Items.Add(listBox1.SelectedItem);
            listBox1.Items.RemoveAt(listBox1.SelectedIndex);
        }
        enbutton();
    }

    private void button2_Click(object sender, EventArgs e)
```

```
{
    foreach (object item in listBox1.Items)
        listBox2.Items.Add(item);
    listBox1.Items.Clear();
    enbutton();
}

private void button3_Click(object sender, EventArgs e)
{
    if (listBox2.SelectedIndex >= 0)
    {
        listBox1.Items.Add(listBox2.SelectedItem);
        listBox2.Items.RemoveAt(listBox2.SelectedIndex);
    }
    enbutton();
}

private void button4_Click(object sender, EventArgs e)
{
    foreach (object item in listBox2.Items)
        listBox1.Items.Add(item);
    listBox2.Items.Clear();
    enbutton();
}
```

将本窗体设计为启动窗体，即把“Application.Run(new Form6());”改成“Application.Run(new Form7());”，运行本项目，界面如图 8.15 所示。

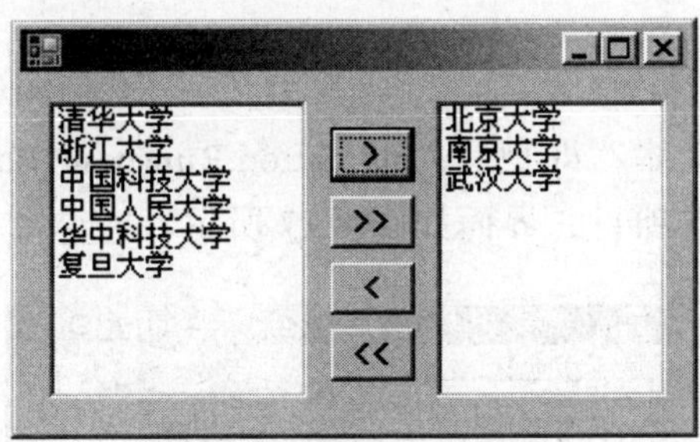

图 8.15　列表框控件效果

8.2.10　带复选框的列表框控件

带复选框的列表框控件用来显示一系列列表项，不过每个列表项前面都有一个复选项。这样，是否选中了某个列表项就可以很清楚地表现出来。

例 8.8 设计一个窗体，其功能是左边选中的数据项会显示在右边的列表框中。

Form8 窗体：

（1）设计界面，如图 8.16 所示。

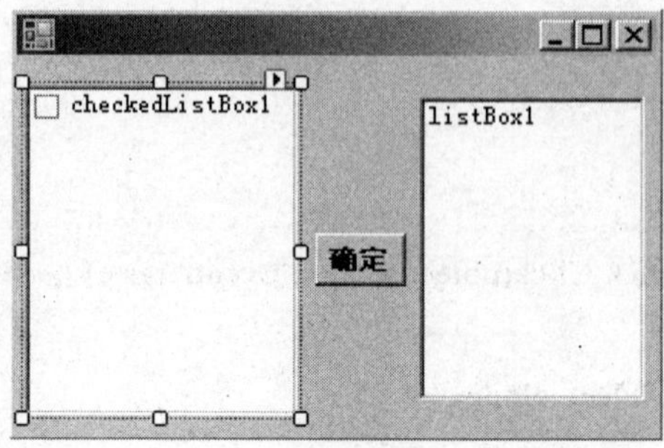

图 8.16 带复选框的列表框控件示例

（2）事件过程。

```
private void Form8_Load(object sender, EventArgs e)
    {
        checkedListBox1.Items.Add("中国");
        checkedListBox1.Items.Add("美国");
        checkedListBox1.Items.Add("俄罗斯");
        checkedListBox1.Items.Add("英国");
        checkedListBox1.Items.Add("法国");
        checkedListBox1.CheckOnClick = true;
    }

    private void button1_Click(object sender, EventArgs e)
    {
        foreach(object item in checkedListBox1.CheckedItems)
            listBox1.Items.Add(item);
    }
```

将本窗体设计为启动窗体，即把“Application.Run(new Form7());”改成“Application.Run(new Form8());”。运行本项目，界面如图 8.17 所示。

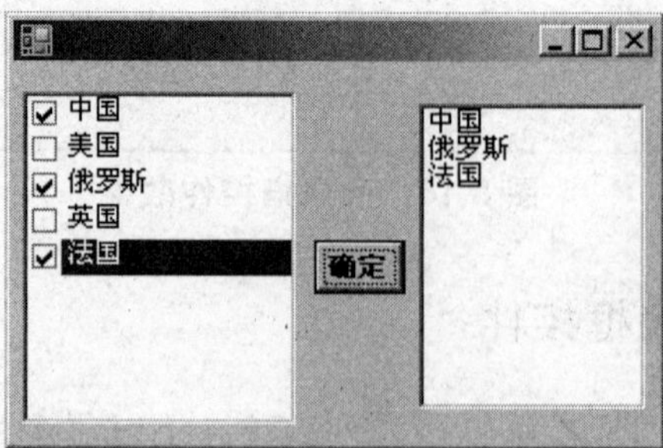

图 8.17 带复选框的列表框控件效果

8.2.11　定时器控件

定时器控件特点是每隔一定的时间间隔就会自动运行一次定时器 Tick 事件。时间间隔一般以毫秒（ms）为基本单位。定时器属性、方法如表 8.9、8.10 所示。

表 8.9　定时器的属性

定时器的属性	说　明
Enabled	设置是否启用定时器控件。若设置为 True（默认值），表示启动定时器开始计时；否则，表示暂停定时器的使用
Interval	设置两个定时器事件之间的时间间隔。设置时以毫秒为单位，设置的范围是 0～65535 ms

表 8.10　定时器的方法

定时器的方法	说明
Start	启动定时器，也可以将 Enabled 属性设置为 True 来启动定时器
Stop	停止定时器，也可以将 Enabled 属性设置为 False 来停止定时器

例 8.9　设计一个窗体说明定时器的使用方法。

Form9 窗体：

（1）设计界面，如图 8.18 所示。

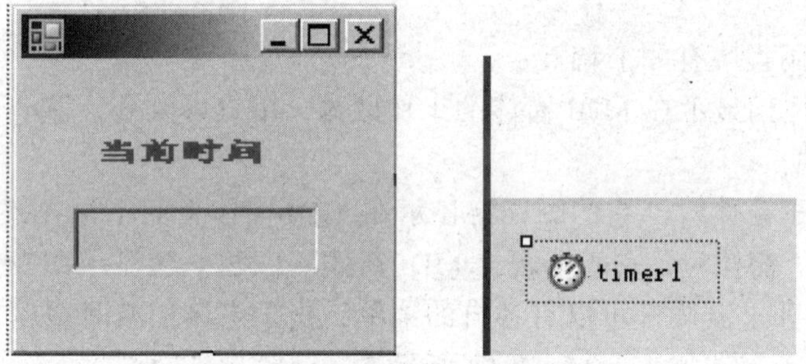

图 8.18　定时器控件示例

（2）事件过程。

```
private void Form9_Load(object sender, EventArgs e)
{
    textBox1.Text = DateTime.Now.ToString("h:mm:ss");
    timer1.Enabled = true;
    timer1.Interval = 100;
}

private void timer1_Tick(object sender, EventArgs e)
{
    textBox1.Text = DateTime.Now.ToString("h:mm:ss");
```

}

将本窗体设计为启动窗体，即把“Application.Run(new Form8());”改成“Application.Run(new Form9());”。运行本项目，界面如图 8.19 所示。

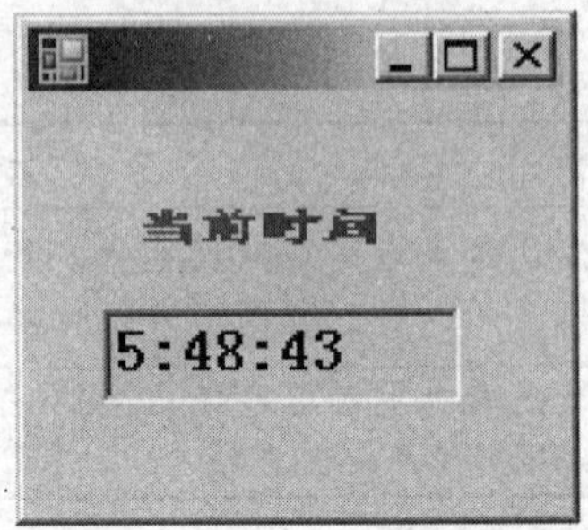

图 8.19 定时器控件效果

8.3 多文档窗体

多文档界面应用程序由一个应用程序（MDI 父窗体）中包含的多个文档（MDI 子窗体）组成。父窗体作为子窗体的容器，子窗体显示各自文档，它们具有不同的功能。处于活动状态的子窗体的最大数目是 1，子窗体本身不能成为父窗体，而且不能将其移动到父窗体的区域之外。

多文档界面应用程序有如下特性：

（1）所有子窗体均显示在 MDI 窗体的工作区内，用户可改变、移动子窗体的大小，但被限制在 MDI 窗体中。

（2）当最小化子窗体时，它的图标将显示在 MDI 窗体上而不是在任务栏中。

（3）当最大化子窗体时，它的标题与 MDI 窗体的标题一起显示在 MDI 窗体的标题栏上。

（4）MDI 窗体和子窗体都可以有各自的菜单，当子窗体加载时覆盖 MDI 窗体的菜单。

MDI 父窗体和子窗体如表 8.11、8.12 所示。

表 8.11 MPI 父窗体属性

MDI 父窗体属性	说 明
ActiveMdiChild	表示当前活动的 MDI 子窗口，如没有子窗口则返回 NULL
IsMdiContainer	指示窗体是否为 MDI 父窗体，值为 True 时表示是父窗体，值为 False 时表示是普通窗体
MdiChildren	以窗体数组形式返回所有 MDI 子窗体

表 8.12 MDI 子窗体属性

MDI 子窗体属性	说 明
IsMdiChild	指示窗体是否为 MDI 子窗体，值为 True 时表示是子窗体，值为 False 时表示是一般窗体
MdiParent	用来指定该子窗体的 MDI 父窗体

MDI 父窗体的方法：

一般只使用父窗体的 LayoutMdi 方法，其使用格式为：

MDI 父窗体名.LayoutMdi(value)

其功能是在 MDI 父窗体中排列 MDI 子窗体，参数 value 决定了排列方式，有以下 4 种取值：

- LayoutMdi.ArrangeIcons：所有 MDI 子窗体以图标形式排列在 MDI 父窗体中。
- LayoutMdi.TileHorizontal：所有 MDI 子窗体均垂直平铺在 MDI 父窗体中。
- LayoutMdi.TileVertical：所有 MDI 子窗体均水平平铺在 MDI 父窗体中。
- LayoutMdi.Cascade：所有 MDI 子窗体均层叠在 MDI 父窗体中。

例 8.10　设计一个 Windows 应用程序，说明多文档窗体的使用方法。

Form1 窗体：

（1）设计界面。

将其 IsMdiContainer 属性设为 True ，设计界面如图 8.20 所示。

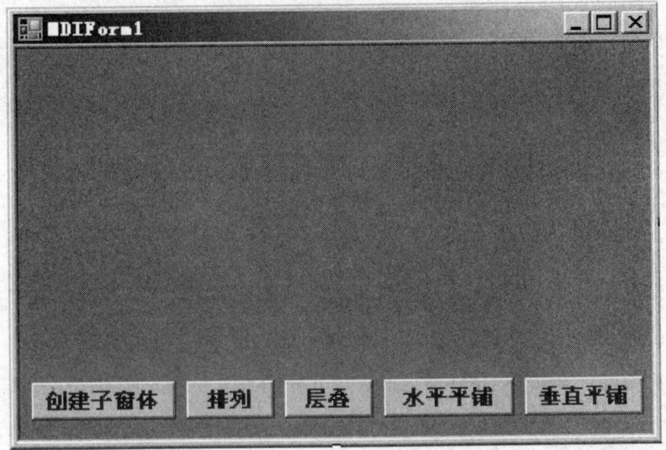

图 8.20　多文档窗体示例

（2）事件过程。

```
public partial class Form1 : Form
    {
        private int n=0;
        public Form1()
        {
            InitializeComponent();
        }

        private void button1_Click(object sender, EventArgs e)
        {
            Form2 child = new Form2();
            child.MdiParent = this;
```

```
            child.Show();
            n++;
            child.Text = "第" + n + "个子窗体";
        }

        private void button2_Click(object sender, EventArgs e)
        {
            this.LayoutMdi(System.Windows.Forms.MdiLayout.ArrangeIcons);
        }

        private void button3_Click(object sender, EventArgs e)
        {
            this.LayoutMdi(System.Windows.Forms.MdiLayout.Cascade);
        }

        private void button4_Click(object sender, EventArgs e)
        {
            this.LayoutMdi(System.Windows.Forms.MdiLayout.TileVertical);
        }

        private void button5_Click(object sender, EventArgs e)
        {
            this.LayoutMdi(System.Windows.Forms.MdiLayout.TileHorizontal);
        }
    }
```

运行效果如图 8.21 所示。

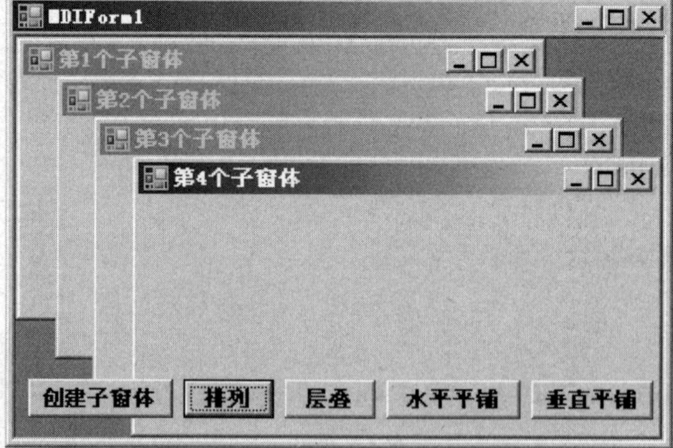

图 8.21 多文档窗体效果

8.4　窗体设计的事件机制

8.4.1　什么是事件处理程序

事件处理程序是指代码中的过程，用于确定事件（如用户单击按钮或消息队列收到消息）发生时要执行的操作。事件处理程序是绑定到事件的方法。当引发事件时，将执行收到该事件的一个或多个事件处理程序。

每个事件处理程序提供两个参数。例如，窗体中一个命令按钮 button1 的 Click 事件的事件处理程序如下：

```
private void button1_Click(object sender, System.EventArgs e)
{
    //输入相应的代码
}
```

其中，第一个参数 sender 提供对引发事件对象的引用，第二个参数 e 传递特定于要处理事件的对象。通过引用对象的属性（有时引用其方法）可获得一些信息，如鼠标事件中鼠标的位置或拖放事件中传输的数据。

8.4.2　在 Windows 窗体中创建事件处理程序

在 Windows 窗体设计器上创建事件处理程序的过程如下：

（1）单击要为其创建事件处理程序的窗体或控件。

（2）在“属性”窗口中单击“事件”按钮。

（3）在可用事件的列表中，单击要为其创建处理程序的事件。

（4）在事件名称右侧的框中，键入处理程序的名称，然后按 Enter 键。

（5）将适当的代码添加到该事件处理程序中。

8.4.3　将多个事件连接到 Windows 窗体中的单个事件处理程序

在应用程序设计时，可能需要将单个事件处理程序用于多个事件或让多个事件执行同一过程，这样便于简化代码。在 C#中将多个事件连接到单个事件处理程序的过程如下：

（1）选择要处理的多个控件，按 Ctrl 键。

（2）在“属性”窗口中，单击“事件”按钮。

（3）单击要处理的事件的名称。

（4）在事件名称右侧的框中，键入处理程序的名称，然后按 Enter 键。

（5）将适当的代码添加到该事件处理程序中。

例 8.11：设计一个 Windows 应用程序，用于模拟简单计算器的功能。

Form1 窗体：

（1）设计界面，如图 8.22 所示。

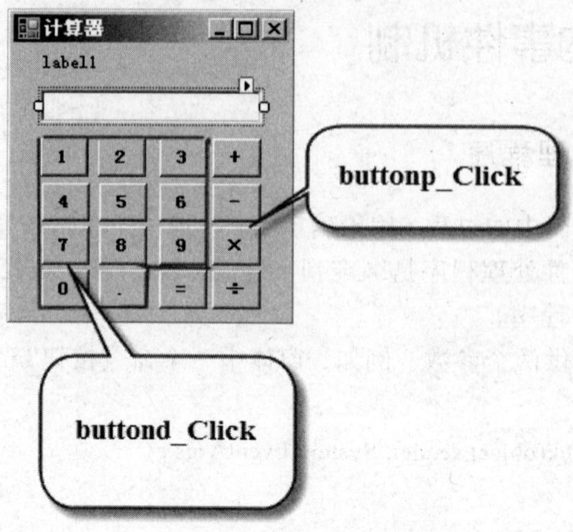

图 8.22　简单计算器示例

（2）事件过程。

```
public partial class Form1 : Form
    {
        private string s;
        private double x, y;
        private Button btn;
        public Form1()
        {
            InitializeComponent();
        }
        private void Form1_Load(object sender, EventArgs e)
        {
            textBox1.Text = "";
            label1.Text = "";
        }
       private void buttond_Click(object sender, EventArgs e)
        {
            btn = (Button)sender;
            textBox1.Text = textBox1.Text + btn.Text;
        }
        private void buttonop_Click(object sender, EventArgs e)
        {
            btn = (Button)sender;
            if (btn.Name!="button12")    //用户不是单击“=”命令按钮
            {
```

```
            x = Convert.ToDouble(textBox1.Text);
            textBox1.Text = "";
            s = btn.Name;   //保存用户按键
            label1.Text = x.ToString();
        }
        else                                              //用户单击“=”命令按钮
        {
            if (label1.Text == "")
                MessageBox.Show("输入不正确!!!", "信息提示",MessageBoxButtons.OK);
            else
            {
                y = Convert.ToDouble(textBox1.Text);
                switch(s)
                {
                    case "button13":          //用户刚前面单击“+”命令按钮
                        textBox1.Text = (x + y).ToString();
                        break;
                    case "button14":           //用户刚前面单击“-”命令按钮
                        textBox1.Text = (x - y).ToString();
                        break;
                    case "button15":           //用户刚前面单击“×”命令按钮
                        textBox1.Text = (x * y).ToString();
                        break;
                    case   "button16":          //用户刚前面单击“÷”命令按钮
                        if (y == 0)
                        MessageBox.Show("除零错误!!!", "信息提示",MessageBoxButtons.OK);
                        else
                            textBox1.Text = (x / y).ToString();
                        break;
                }
                label1.Text = textBox1.Text;
            }
        }
    }
}
```

程序运行界面如图 8.23 所示。

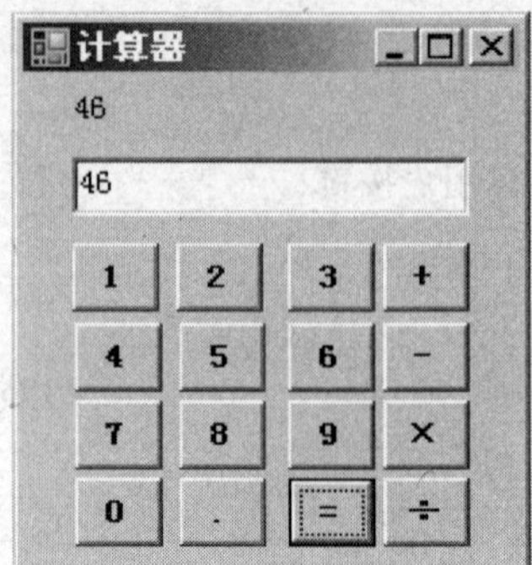

图 8.23　简单计算器效果

习题八

1. 编写一个 Windows 应用程序，达到简单记事本的功能。

界面如下：

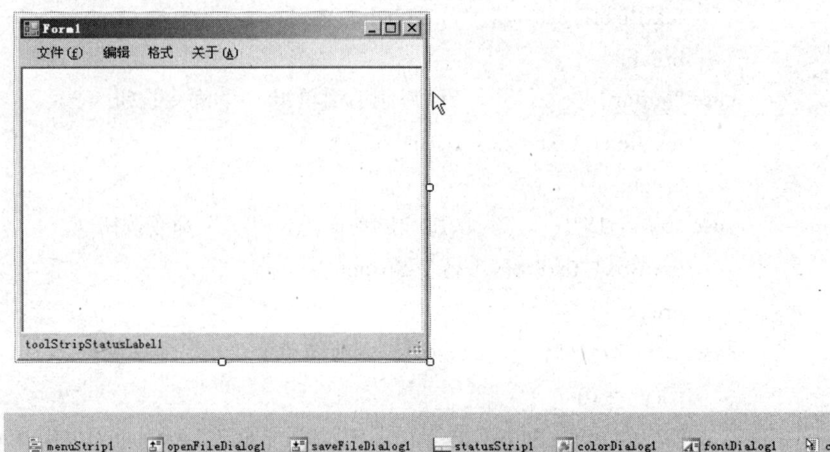

程序代码如下：

```
using System;
using System.Collections.Generic;
using System.ComponentModel;
using System.Data;
using System.Drawing;
using System.Text;
using System.Windows.Forms;
namespace lx1
{
    public partial class Form1 : Form
```

```
{
    public Form1()
    {
        InitializeComponent();
    }
    private void checksave()
    {
        if (richTextBox1.Text != "")
if (MessageBox.Show("save?","confurm", MessageBoxButtons.OKCancel) == DialogResult.OK )
                mysavefile();
    }
    private void mynewfile()
    {
        checksave();
        richTextBox1.Clear();
        toolStripStatusLabel1.Text = "新建文件";
    }
    private void mysavefile()
    {
        toolStripStatusLabel1.Text = "保存文件";
        if (saveFileDialog1.ShowDialog() == DialogResult.OK)
          richTextBox1.SaveFile(saveFileDialog1.FileName,RichTextBoxStreamType.Richext);
    }
    private void myopenfile()
    {
        checksave();
        if (openFileDialog1.ShowDialog() == DialogResult.OK)
        richTextBox1.LoadFile(openFileDialog1.FileName,RichTextBoxStreamType.RichText);
        toolStripStatusLabel1.Text = "打开文件";
    }
    private void 新建 NToolStripMenuItem_Click(object sender, EventArgs e)
    {
        mynewfile();
    }
    private void 退出 XToolStripMenuItem_Click(object sender, EventArgs e)
    {
        checksave();
        Application.Exit();
    }
```

```
private void 打开OToolStripMenuItem_Click(object sender, EventArgs e)
{
    myopenfile();
}
private void 保存SToolStripMenuItem_Click(object sender, EventArgs e)
{
    mysavefile();
}
private void 撤消ToolStripMenuItem_Click(object sender, EventArgs e)
{
    if(richTextBox1.CanUndo)
        richTextBox1.Undo();
}
private void 恢复ToolStripMenuItem_Click(object sender, EventArgs e)
{
    if (richTextBox1.CanRedo)
        richTextBox1.Redo();
}
private void 剪切ToolStripMenuItem_Click(object sender, EventArgs e)
{
    richTextBox1.Cut();
}
private void 复制ToolStripMenuItem_Click(object sender, EventArgs e)
{
    richTextBox1.Copy();
}
private void 删除ToolStripMenuItem_Click(object sender, EventArgs e)
{
    richTextBox1.SelectedText = "";
}
private void 粘贴ToolStripMenuItem_Click(object sender, EventArgs e)
{
    richTextBox1.Paste();
}
private void 全选ToolStripMenuItem_Click(object sender, EventArgs e)
{
    richTextBox1.SelectAll();
}
private void 字体ToolStripMenuItem_Click(object sender, EventArgs e)
```

```
        {
            if (fontDialog1.ShowDialog ()== DialogResult.OK)

                richTextBox1.SelectionFont=fontDialog1.Font;
        }
        private void 字体颜色 ToolStripMenuItem_Click(object sender, EventArgs e)
        {
            if (colorDialog1.ShowDialog() == DialogResult.OK)
                richTextBox1.SelectionColor = colorDialog1.Color;
        }
        private void 背景 ToolStripMenuItem_Click(object sender, EventArgs e)
        {
            if (colorDialog1.ShowDialog() == DialogResult.OK)
                richTextBox1.BackColor = colorDialog1.Color;
        }
        private void 字体 ToolStripMenuItem1_Click(object sender, EventArgs e)
        {
            字体 ToolStripMenuItem_Click(sender, e);

        }
    }
}
```

第9章　文件操作

本章要点：文件和目录的创建、复制、移动、删除；文件的读写操作；异步文件操作。

本章介绍的主要内容是对文件和目录的操作，通常称为 I/O，即输入/输出。对文件和目录的操作是在实际应用程序中经常遇到的问题。

9.1　文件和目录

在了解如何对文件和目录操作之前，我们先看看.NET 为文件和目录提供的支持。.NET 框架在命名空间“System.IO”中为我们提供了 Directory 类来进行目录管理。利用它，我们可以完成对目录进行创建、移动、浏览、删除等操作。命名空间“System.IO”还为我们提供了 File 类，File 类通常和 FileStream 类一起协作来完成对文件的创建、删除、复制、移动、打开等操作。

9.1.1　目录操作

Directory 类提供了创建、移动和查找目录的许多静态方法。因此 Directory 无须创建类的实例即可调用。DirectoryInfo 类与 Directory 很像，用于提供文件和目录的信息，它们的常用方法分别如表 9.1 和表 9.2 所示。

表 9.1　Directory 类的常用方法

名　称	说　明
CreateDirectory(String)	按 *path* 指定创建所有目录和子目录
CreateDirectory(String, DirectorySecurity)	创建指定路径中的所有目录，并应用指定的 Windows 安全性
Delete(String)	从指定路径删除空目录
Delete(String, Boolean)	删除指定的目录并（如果指示）删除该目录中的任何子目录
EnumerateDirectories(String)	返回指定路径中目录名称的可枚举集合
EnumerateDirectories(String, String)	返回指定路径中与搜索模式匹配目录名称的可枚举集合
Exists	确定给定路径是否引用磁盘上的现有目录
GetCreationTime	获取目录的创建日期和时间
GetCreationTimeUtc	获取目录创建的日期和时间，其格式为协调世界时 (UTC)
GetCurrentDirectory	获取应用程序的当前工作目录

续表 9.1

名　称	说　明
GetDirectories(String)	获取指定目录中子目录的名称
GetFiles(String)	返回指定目录中的文件的名称
GetLastAccessTime	返回上次访问指定文件或目录的日期和时间
GetLastAccessTimeUtc	返回上次访问指定文件或目录的日期和时间，其格式为协调世界时(UTC)
GetLastWriteTime	返回上次写入指定文件或目录的日期和时间
GetLastWriteTimeUtc	返回上次写入指定文件或目录的日期和时间，其格式为协调世界时 (UTC)
GetLogicalDrives	检索此计算机上格式为“<盘符>:\”的逻辑驱动器的名称
GetParent	检索指定路径的父目录，包括绝对路径和相对路径
Move	将文件或目录及其内容移到新位置
SetCreationTime	为指定的文件或目录设置创建日期和时间
SetCreationTimeUtc	设置指定文件或目录的创建日期和时间，其格式为协调世界时 (UTC)
SetCurrentDirectory	将应用程序的当前工作目录设置为指定的目录
SetLastAccessTime	设置上次访问指定文件或目录的日期和时间
SetLastAccessTimeUtc	设置上次访问指定文件或目录的日期和时间，其格式为协调世界时(UTC)
SetLastWriteTime	设置上次写入目录的日期和时间
SetLastWriteTimeUtc	设置上次写入某个目录的日期和时间，其格式为协调世界时(UTC)

表 9.2　DirectoryInfo 类的常用方法

名　称	说　明
Create ()	创建目录
Create(DirectorySecurity)	使用 DirectorySecurity 对象创建目录
CreateSubdirectory(String)	在指定路径中创建一个或多个子目录。指定路径可以是相对于 DirectoryInfo 类的此实例的路径
Delete ()	如果此 DirectoryInfo 为空，则删除它
Delete(Boolean)	删除 DirectoryInfo 的此实例，指定是否要删除子目录和文件
Equals(Object)	确定指定的 Object 是否等于当前的 Object
GetDirectories ()	返回当前目录的子目录
GetDirectories(String)	返回当前 DirectoryInfo 中与给定搜索条件匹配的目录的数组
GetFiles ()	返回当前目录的文件列表
GetFiles(String)	返回当前目录中与给定的搜索模式匹配的文件列表
MoveTo	将 DirectoryInfo 实例及其内容移动到新路径
Refresh	刷新对象的状态
ToString	返回用户所传递的原始路径

DirectoryInfo 类的常用属性如表 9.3 所示。

表 9.3 DirectoryInfo 类的常用属性

名 称	说 明
Attributes	获取或设置当前文件或目录的特性
CreationTime	获取或设置当前文件或目录的创建时间
CreationTimeUtc	获取或设置当前文件或目录的创建时间，其格式为协调世界时 (UTC)
Exists	获取指示目录是否存在的值
Extension	获取表示文件扩展名部分的字符串
FullName	获取目录或文件的完整目录
LastAccessTime	获取或设置上次访问当前文件或目录的时间
LastAccessTimeUtc	获取或设置上次访问当前文件或目录的时间，其格式为协调世界时 (UTC)
LastWriteTime	获取或设置上次写入当前文件或目录的时间
LastWriteTimeUtc	获取或设置上次写入当前文件或目录的时间，其格式为协调世界时 (UTC)
Name	获取此 DirectoryInfo 实例的名称
Parent	获取指定子目录的父目录
Root	获取路径的根部分

例 9.1 编写一个程序，查找某指定的目录是否存在，如果存在，则删除该目录；如果不存在，则创建该目录。

程序代码：

```
using System;
using System.IO; //引用【System.IO】命名空间，才能直接使用【System.IO】命名空间下面相关的类

namespace _2_1
{
    class Program
    {
        static void Main(string[] args)
        {
            //将要创建目录的路径
            string pathFile = @"C:\CreateDirectory";
            //待删除目录的路径
            string targetFile = @"c:\DeleteDirectory";
            try
            {
                //判断目录是否存在
```

```
                if(!Directory.Exists(pathFile))
                {
                    //如果不存在则创建目录
                    Directory.CreateDirectory(pathFile);
                }
                if(Directory.Exists(targetFile))
                {
                    //如果目录存在，则删除该目录
                    Directory.Delete(targetFile, true);
                }
            }
            catch(IOException e)
            {
                Console.WriteLine("处理过程失败：{0}",e.ToString());
            }
            finally{}
        }
    }
}
```

上面的例子中用到了异常 IOException 捕捉，System.IO 中提供了各种输入输出的异常，便于我们了解任务失败的原因所在，或者给用户提示信息，并且让程序更健壮。

9.1.2　DirectoryInfo 对象的创建

要查看目录层次，需要实例化一个 DirectoryInfo 对象。DirectoryInfo 类提供了许多方法，用于典型操作，如复制、移动、重命名、创建和删除目录，可以获得所含文件和目录的名称，也可以获得 FileInfo 和 DirectoryInfo 对象，因此我们可以深入层次结构中，提取子目录并递归地查看它们。如果打算多次重用某个对象，可考虑使用 DirectoryInfo 的实例方法，而不是 Directory 类的静态方法。

例 9.2　设计一个程序，演示如何计算一个给定目录的大小（Bytes）。

程序代码：

```
using System;
using System.IO;

namespace _2_2
{
    class ShowDirSize
    {
        public static long DirSize(DirectoryInfo d)
        {
```

```
            long Size = 0;
            // 返回当前目录的文件列表，累加字节数
            FileInfo[] fis = d.GetFiles();
            foreach (FileInfo fi in fis)
            {
                Size += fi.Length;
            }
            // 返回当前目录的子目录，累加子目录的字节数
            DirectoryInfo[] dis = d.GetDirectories();
            foreach (DirectoryInfo di in dis)
            {
                //递归调用 DirSize 函数，提取子目录并递归地查看它们，并累加字节数
                Size += DirSize(di);
            }
            //以字节数返回目录与其子目录的大小
            return (Size);
        }

        static void Main(string[] args)
        {
            //初始化待计算目录路径
            string FilePath = @"C:\1";
            if (FilePath.Length < 0)
            {
                Console.WriteLine("目录路径错误，请设定正确的目录路径！");
            }
            else
            {
                //参数是一个字符串，它指定要在其中创建 DirectoryInfo 的路径。
                DirectoryInfo d = new DirectoryInfo(FilePath);
                //调用 DirSize 函数
                Console.WriteLine("{0} 目录和它的子目录总大小为：{1}bytes.", d, DirSize(d));
            }
        }
    }
}
```

按 Ctrl+F5 键，程序运行结果：

```
C:\WINDOWS\system32\cmd.exe
C:\1 目录和它的子目录总大小为： 122470 bytes.
请按任意键继续. . .
```

9.1.3　文件操作

File 类通常和 FileStream 类协作完成对文件的创建、删除、复制、移动、打开等操作。与 Directory 的方法一样，所有的 File 方法都是静态的，不需要实例化即可以调用 File 方法。

FileInfo 和 File 对象是紧密相关的，与 DirectoryInfo 一样，FileInfo 的所有方法都是实例方法。

File 类常用成员如表 9.4 所示。

表 9.4　File 类常用成员

名　称	说　明
AppendAllText(String, String)	打开一个文件，向其中追加指定的字符串，然后关闭该文件。如果文件不存在，此方法创建一个文件，将指定的字符串写入文件，然后关闭该文件
AppendAllText(String,String, Encoding)	将指定的字符串追加到文件中，如果文件还不存在则创建该文件
AppendText	创建一个 StreamWriter，它将 UTF-8 编码文本追加到现有文件
Copy(String, String)	将现有文件复制到新文件。不允许覆盖同名的文件
Copy(String, String, Boolean)	将现有文件复制到新文件。允许覆盖同名的文件
Create(String)	在指定路径中创建或覆盖文件
Create(String, Int32)	创建或覆盖指定的文件
Create(String, Int32, FileOptions)	创建或覆盖指定的文件，并指定缓冲区大小和一个描述如何创建或覆盖该文件的 FileOptions 值
Create(String, Int32, FileOptions, FileSecurity)	创建或覆盖具有指定的缓冲区大小、文件选项和文件安全性的指定文件
CreateText	创建或打开一个文件用于写入 UTF-8 编码的文本
Decrypt	解密由当前账户使用 Encrypt 方法加密的文件
Delete	删除指定的文件。如果指定的文件不存在，则不引发异常
Encrypt	将某个文件加密，使得只有加密该文件的账户才能将其解密
Exists	确定指定的文件是否存在
GetAttributes	获取在此路径上的文件的 FileAttributes
GetCreationTime	返回指定文件或目录的创建日期和时间
GetCreationTimeUtc	返回指定的文件或目录的创建日期及时间，其格式为协调世界时(UTC)
GetLastAccessTime	返回上次访问指定文件或目录的日期和时间
GetLastAccessTimeUtc	返回上次访问指定的文件或目录的日期及时间，其格式为协调世界时(UTC)
GetLastWriteTime	返回上次写入指定文件或目录的日期和时间
GetLastWriteTimeUtc	返回上次写入指定的文件或目录的日期和时间，其格式为协调世界时(UTC)
Move	将指定文件移到新位置，并提供指定新文件名的选项

续表 9.4

名　称	说　明
Open(String, FileMode)	打开指定路径上的 FileStream，具有读/写访问权限
Open(String, FileMode, FileAccess)	以指定的模式和访问权限打开指定路径上的 FileStream
Open(String, FileMode, FileAccess, FileShare)	打开指定路径上的 FileStream，具有指定的读、写或读/写访问模式以及指定的共享选项
OpenRead	打开现有文件以进行读取
OpenText	打开现有 UTF-8 编码文本文件以进行读取
OpenWrite	打开现有文件以进行写入
ReadAllBytes	打开一个文件，将文件的内容读入一个字符串，然后关闭该文件
ReadAllLines(String)	打开一个文本文件，读取文件的所有行，然后关闭该文件
ReadAllLines(String, Encoding)	打开一个文件，使用指定的编码读取文件的所有行，然后关闭该文件
ReadAllText(String)	打开一个文本文件，读取文件的所有行，然后关闭该文件
ReadAllText(String, Encoding)	打开一个文件，使用指定的编码读取文件的所有行，然后关闭该文件
ReadLines(String)	读取文件的文本行
ReadLines(String, Encoding)	读取具有指定编码的文件的文本行
Replace(String, String, String)	使用其他文件的内容替换指定文件的内容，这一过程将删除原始文件，并创建被替换文件的备份
Replace(String, String, String, Boolean)	用其他文件的内容替换指定文件的内容，删除原始文件，并创建被替换文件的备份和（可选）忽略合并错误
SetAttributes	设置指定路径上文件的指定的 FileAttributes
SetCreationTime	设置创建该文件的日期和时间
SetCreationTimeUtc	设置文件创建的日期和时间，其格式为协调世界时(UTC)
SetLastAccessTime	设置上次访问指定文件的日期和时间
SetLastAccessTimeUtc	设置上次访问指定文件的日期和时间，其格式为协调世界时(UTC)
SetLastWriteTime	设置上次写入指定文件的日期和时间
SetLastWriteTimeUtc	设置上次写入指定文件的日期和时间，其格式为协调世界时(UTC)
WriteAllBytes	创建一个新文件，在其中写入指定的字节数组，然后关闭该文件。如果目标文件已存在，则覆盖该文件

FileInfo 类的常用属性如表 9.5 所示。

表 9.5　FileInfo 类的常用属性

名　称	说　明
Attributes	获取或设置当前文件或目录的特性
CreationTime	获取或设置当前文件或目录的创建时间
CreationTimeUtc	获取或设置当前文件或目录的创建时间，其格式为协调世界时 (UTC)
Directory	获取父目录的实例
DirectoryName	获取表示目录的完整路径的字符串
Exists	获取指示文件是否存在的值
Extension	获取表示文件扩展名部分的字符串
FullName	获取目录或文件的完整目录
IsReadOnly	获取或设置确定当前文件是否为只读的值
LastAccessTime	获取或设置上次访问当前文件或目录的时间
LastAccessTimeUtc	获取或设置上次访问当前文件或目录的时间，其格式为协调世界时 (UTC)
LastWriteTime	获取或设置上次写入当前文件或目录的时间
LastWriteTimeUtc	获取或设置上次写入当前文件或目录的时间，其格式为协调世界时 (UTC)
Length	获取当前文件的大小（字节）
Name	获取文件名

FileInfo 类的常用方法如表 9.6 所示。

表 9.6　FileInfo 类的常用方法

名　称	说　明
AppendText	创建一个 StreamWriter，它向 FileInfo 的此实例表示的文件追加文本
CopyTo(String)	将现有文件复制到新文件，不允许覆盖现有文件
CopyTo(String, Boolean)	将现有文件复制到新文件，允许覆盖现有文件
Create	创建文件
CreateText	创建写入新文本文件的 StreamWriter
Decrypt	解密由当前账户使用 Encrypt 方法加密的文件
Delete	永久删除文件
Encrypt	将某个文件加密，使得只有加密该文件的账户才能将其解密
MoveTo	将指定文件移到新位置，并提供指定新文件名的选项
Open(FileMode)	在指定的模式中打开文件
Open(FileMode, FileAccess)	用读、写或读/写访问权限在指定模式下打开文件
Open(FileMode, FileAccess, FileShare)	用读、写或读/写访问权限和指定的共享选项在指定的模式中打开文件

续表 9.6

名　称	说　明
OpenRead	创建只读 FileStream
OpenText	创建使用 UTF8 编码、从现有文本文件中进行读取的 StreamReader
OpenWrite	创建只写 FileStream
Refresh	刷新对象的状态
Replace(String, String)	使用当前 FileInfo 对象所描述的文件替换指定文件的内容，这一过程将删除原始文件，并创建被替换文件的备份
Replace(String,String, Boolean)	使用当前 FileInfo 对象所描述的文件替换指定文件的内容，这一过程将删除原始文件，并创建被替换文件的备份。还指定是否忽略合并错误
ToString	以字符串形式返回路径

下面的示例演示了 File 类的一些主要成员，该示例用 File 类的 CreateText()方法创建一个文本，接着向文本输入数据，读取文本内容，使用 Copy()方法进行文本之间的复制，Delete()方法删除新建的文件。

例 9.3 创建一个程序，其中涉及使用 File 类的方法进行文本的创建，数据的读写，以及文本的复制、删除。

程序代码：

```
using System;
using System.IO;

namespace _2_3
{
    class FileTest
    {
        static void Main(string[] args)
        {
            //设定创建文件的路径为 C 盘根目录，文本文件名称为 MyTest
            string path = @"c:\MyTest.txt";
            if (!File.Exists(path))
            {
                // 创建一个文件用于写入 UTF-8 编码的文本
                using (StreamWriter sw = File.CreateText(path))
                {
                    sw.WriteLine("I");
                    sw.WriteLine("Love");
                    sw.WriteLine("China");
                }
            }
```

```
            // 打开文件，从里面读出数据
            using (StreamReader sr = File.OpenText(path))
            {
                string s = "";
                //输出文件里的内容，直到文件结束
                while ((s = sr.ReadLine()) != null)
                {
                    Console.WriteLine(s);
                }
            }

            try
            {
                string path2 = path + "temp";
                // 确保目标文件不存在
                File.Delete(path2);

                // 复制文件
                File.Copy(path, path2);
                Console.WriteLine("{0} was copied to {1}.", path, path2);

                // 删除新创建的文件
                File.Delete(path2);
                Console.WriteLine("{0} was successfully deleted.", path2);
            }
            catch (Exception e)
            {
                Console.WriteLine("The process failed: {0}", e.ToString());
            }
        }
    }
}
```

按 Ctrl+F5 键，程序运行结果：

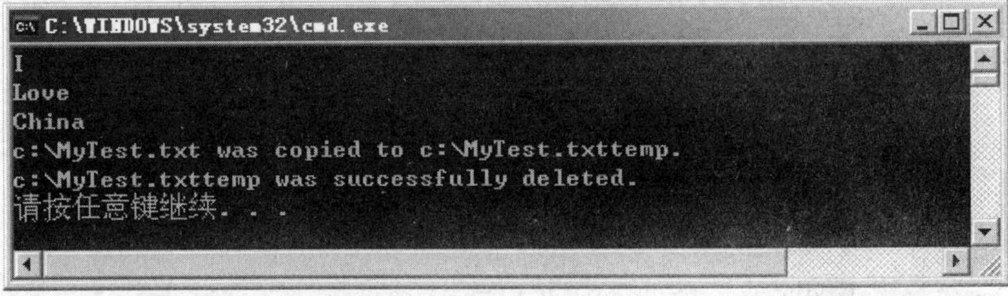

上述的程序运行后，我们就可以在 C 盘的根目录下，找到新创建的 MyTest.txt 文本文件，可以查看里面的内容为：

I

Love

China

此例中应**注意** using 语句的特殊用法。这里的 using 是一种特殊标记，主要是用来自动释放资源。

Using ( )

{ //…… }

整个一起，构成一个 using 语句。

即在执行完 using 整个语句后会自动执行 Dispose()方法，自动释放 using 后面的“( )”中分配的资源。

下面的例子用 FileInfo 的 GetFiles()得到文件夹下的所有文件，用 Delete()方法来删除当前目录下的所有文件。需要先手工在 C 盘根目录下创建一个名为 MyTemp 的文件夹，在这个新建的文件夹下创建一个文本文件。

例 9.4 使用 FileInfo 的方法对某个目录下的文件进行操作。

程序代码：

```
using System;
using System.IO;

namespace _2_4
{
    class FileTest
    {
        static void Main(string[] args)
        {
            Console.WriteLine("你确定删除当前目录下所有文件吗？");
            Console.WriteLine("按 Y 继续，其他键取消");
            //从键盘读取一个字符
            int a = Console.Read();
            if(a == 'Y' || a =='y')
            {
                Console.WriteLine("正在删除文件...");
            }
            else
            {
                Console.WriteLine("你选择了取消操作！");
                return;
```

```
            }

            DirectoryInfo d = new DirectoryInfo("C:\\MyTemp");
            FileInfo[] fis = d.GetFiles();
            foreach(FileInfo fi in fis)
            {
                fi.Delete();
            }
        }
    }
}
```

按 Ctrl+F5 键，程序运行结果：

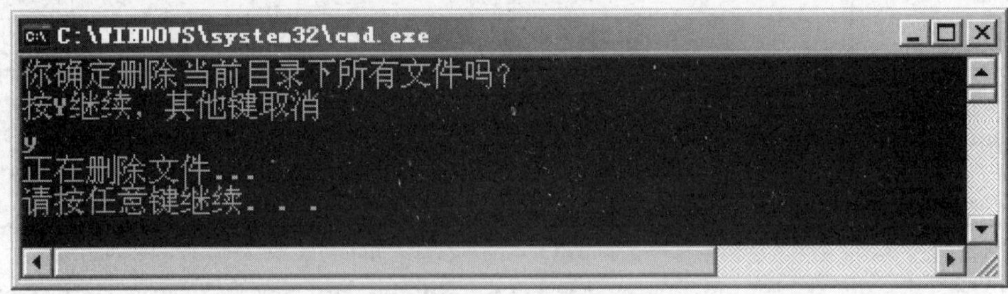

再次打开 C:\MyTemp 文件夹，将会发现里面已经没有任何文件了。

9.2　数据的读取和写入

在“System.IO”命名空间中，包含几个用于从流中读写数据的类，各有不同的用途。

9.2.1　按文本模式读写

StreamReader 类和 StreamWriter 类为我们提供了按文本模式读写数据的方法。StreamReader 类的常用属性和常用方法分别如表 9.7 和 9.8 所示。

表 9.7　StreamReader 类的常用属性

名　称	说　明
BaseStream	返回基础流
CurrentEncoding	获取当前 StreamReader 对象正在使用的当前字符编码
EndOfStream	获取一个值，该值表示当前的流位置是否在流的末尾

表 9.8 StreamReader 类的常用方法

名 称	说 明
Close	关闭 StreamReader 对象和基础流，并释放与读取器关联的所有系统资源
DiscardBufferedData	允许 StreamReader 对象丢弃其当前数据
Dispose ()	释放由 TextReader 对象占用的所有资源
Dispose(Boolean)	关闭基础流，释放 StreamReader 使用的未托管资源，同时还可以根据需要释放托管资源
Peek	返回下一个可用的字符，但不使用它
Read ()	读取输入流中的下一个字符并使该字符的位置提升一个字符
ReadBlock	从当前流中读取最大 count 的字符并从 index 开始将该数据写入 buffer
ReadLine	从当前流中读取一行字符并将数据作为字符串返回
ReadToEnd	从流的当前位置到末尾读取流
ToString	返回表示当前 Object 的 String

StreamWriter 类的常用属性和常用方法分别如表 9.9 和表 9.10 所示。

表 9.9 StreamWriter 类的常用属性

名 称	说 明
AutoFlush	获取或设置一个值，该值指示 StreamWriter 是否在每次调用 StreamWriter.Write 之后，将其缓冲区刷新到基础流
BaseStream	获取同后备存储区连接的基础流
Encoding	获取将输出写入到其中的 Encoding
FormatProvider	获取控制格式设置的对象
NewLine	获取或设置由当前 TextWriter 使用的行结束符字符串

表 9.10 StreamWriter 类的常用方法

名 称	说 明
Close	关闭当前的 StreamWriter 对象和基础流
Dispose ()	释放被 TextWriter object 使用的所有资源
Dispose(Boolean)	释放由 StreamWriter 占用的非托管资源，还可以另外再释放托管资源
Flush	清理当前编写器的所有缓冲区，并使所有缓冲数据写入基础流
ToString	返回表示当前 Object 的 String
Write(Boolean)	将 Boolean 值的文本表示形式写入文本流
Write(Char)	将字符写入流
Write(Decimal)	将十进制值的文本表示形式写入文本流
Write(Double)	将 8 字节浮点值的文本表示形式写入文本流

续表 9.10

名　称	说　明
Write(Int32)	将 4 字节有符号整数的文本表示形式写入文本流
Write(Int64)	将 8 字节有符号整数的文本表示形式写入文本流
Write(Single)	将 4 字节浮点值的文本表示形式写入文本流
Write(String)	将字符串写入流。
Write(UInt32)	将 4 字节无符号整数的文本表示形式写入文本流
Write(UInt64)	将 8 字节无符号整数的文本表示形式写入文本流
WriteLine ()	将行结束符写入文本流
WriteLine(Boolean)	将后跟行结束符的 Boolean 的文本表示形式写入文本流
WriteLine(Char)	将后跟行结束符的字符写入文本流
WriteLine(Decimal)	将后面带有行结束符的十进制值的文本表示形式写入文本流

例 9.5　使用 StreamReader 类的方法将数据从文本文件中读出来，并且显示出来。

程序代码：

```
using System;
using System.IO;
namespace _2_5
{
    class Program
    {
        static void Main(string[] args)
        {
         //定义一个 StreamReader 对象
            StreamReader mySteamReader;
            try
            {
                //打开指定路径下的文本文件
                mySteamReader = File.OpenText("C:\\temp\\MyFile.txt");
            }
            catch
            {
                Console.WriteLine("文件打开失败！ ");
                return;
            }
            //用 Peek()方法读取文本文件，并输出到屏幕
            while(mySteamReader.Peek()!= -1)
            {
```

```
                String myString = mySteamReader.ReadLine();
                Console.WriteLine(myString);
            }
            Console.WriteLine("文件读取结束！ ");
            //关闭文本文件
            mySteamReader.Close();
        }
    }
}
```

按 Ctrl+F5 键，程序运行结果：

下面的例子实现了向文本文件中写入内容。

例 9.6 使用 StreamWriter 类，把数据写到文本文件中去。

程序代码：

```
using System;
using System.IO;

namespace _2_6
{
    class FileTest
    {
        static void Main(string[] args)
        {
            //定义 StreamWriter 对象
            StreamWriter myStreamWriter;
            try
            {
                //在指定路径下创建 file.txt 文本文件
                myStreamWriter = File.CreateText("C:\\temp\\file.txt");
            }
            catch
            {
                Console.WriteLine("文件创建失败！ ");
                return;
```

```
        }
        //写入重载参数指定的某些数据，后跟行结束符
        myStreamWriter.WriteLine("China");
        myStreamWriter.WriteLine("USA");
        myStreamWriter.WriteLine("Japan");

        //关闭当前的 StreamWriter 对象和基础流。
        myStreamWriter.Close();
    }
  }
}
```

按 Ctrl+F5 键，程序运行后，在 C:\temp 文件夹下，可以打开 file.txt 文件查看文本内容，如图 9.1 所示。

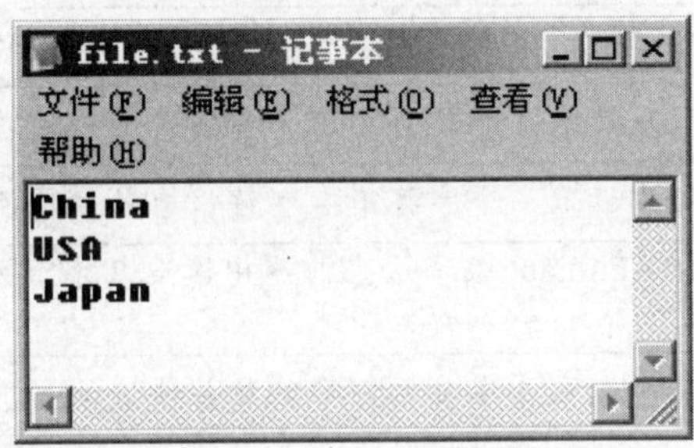

图 9.1　程序运行效果

9.2.2　按二进制模式读写

二进制读取与文本读取不同，如果不能肯定文件只包含文本，那么将它当成字节流是最安全实用的。System.IO 命名空间为我们提供了 BinaryReader 和 BinaryWriter 类，用于进行二进制模式读写文件，它们的常用方法分别如表 9.11 和表 9.12 所示。

表 9.11　BinaryReader 类常用方法

名　称	说　明
Close	关闭当前阅读器及基础流
Dispose ()	释放由 BinaryReader 类的当前实例占用的所有资源
Dispose(Boolean)	释放由 BinaryReader 类占用的非托管资源，还可以另外再释放托管资源
PeekChar	返回下一个可用的字符，并且不提升字节或字符的位置
Read ()	从基础流中读取字符，并根据所使用的 Encoding 和从流中读取的特定字符，提升流的当前位置
ReadBoolean	从当前流中读取 Boolean 值，并使该流的当前位置提升 1 个字节
ReadByte	从当前流中读取下一个字节，并使流的当前位置提升 1 个字节

续表 9.11

名 称	说 明
ReadBytes	从当前流中读取指定的字节数以写入字节数组中，并将当前位置前移相应的字节数
ReadChar	从当前流中读取下一个字符，并根据所使用的 Encoding 和从流中读取的特定字符，提升流的当前位置
ReadChars	从当前流中读取指定的字符数，并以字符数组的形式返回数据，然后根据所使用的 Encoding 和从流中读取的特定字符，将当前位置前移
ReadDecimal	从当前流中读取十进制数值，并将该流的当前位置提升十六个字节
ReadDouble	从当前流中读取 8 字节浮点值，并使流的当前位置提升 8 个字节
ReadInt16	从当前流中读取 2 字节有符号整数，并使流的当前位置提升 2 个字节
ReadInt32	从当前流中读取 4 字节有符号整数，并使流的当前位置提升 4 个字节
ReadInt64	从当前流中读取 8 字节有符号整数，并使流的当前位置向前移动 8 个字节
ReadSByte	从此流中读取一个有符号字节，并使流的当前位置提升 1 个字节
ReadSingle	从当前流中读取 4 字节浮点值，并使流的当前位置提升 4 个字节
ReadString	从当前流中读取一个字符串。字符串有长度前缀，一次 7 位地被编码为整数
ReadUInt16	使用 Little-Endian 编码从当前流中读取 2 字节无符号整数，并将流的位置提升 2 个字节
ReadUInt32	从当前流中读取 4 字节无符号整数并使流的当前位置提升 4 个字节
ReadUInt64	从当前流中读取 8 字节无符号整数并使流的当前位置提升 8 个字节

表 9.12 BinaryWriter 类常用方法

名 称	说 明
Close	关闭当前的 BinaryWriter 和基础流
Dispose ()	释放由 BinaryWriter 类的当前实例占用的所有资源
Dispose(Boolean)	释放由 BinaryWriter 占用的非托管资源，还可以另外再释放托管资源
Flush	清理当前编写器的所有缓冲区，使所有缓冲数据写入基础设备
Seek	设置当前流中的位置
Write(Boolean)	将单字节 Boolean 值写入当前流，其中 0 表示 false，1 表示 true
Write(Byte)	将一个无符号字节写入当前流，并将流的位置提升 1 个字节
Write(Char)	将 Unicode 字符写入当前流，并根据所使用的 Encoding 和向流中写入的特定字符，提升流的当前位置
Write(Decimal)	将一个十进制值写入当前流，并将流位置提升十六个字节
Write(Double)	将 8 字节浮点值写入当前流，并将流的位置提升 8 个字节
Write(Int16)	将 2 字节带符号整数写入当前流，并将流的位置提升 2 个字节

续表 9.12

名　称	说　明
Write(Int32)	将 4 字节带符号整数写入当前流，并将流的位置提升 4 个字节
Write(Int64)	将 8 字节带符号整数写入当前流，并将流的位置提升 8 个字节
Write(SByte)	将一个有符号字节写入当前流，并将流的位置提升 1 个字节
Write(Single)	将 4 字节浮点值写入当前流，并将流的位置提升 4 个字节
Write(String)	将有长度前缀的字符串按 BinaryWriter 的当前编码写入此流，并根据所使用的编码和写入流的特定字符，提升流的当前位置
Write(UInt16)	将 2 字节无符号整数写入当前流，并将流的位置提升 2 个字节
Write(UInt32)	将 4 字节无符号整数写入当前流，并将流的位置提升 4 个字节
Write(UInt64)	将 8 字节无符号整数写入当前流，并将流的位置提升 8 个字节

下面的例子实现了如何向新的空文件流（Test.data）写入数据及从中读取数据。在当前目录中创建了数据文件之后，也就同时创建了相关的 BinaryWriter 类和 BinaryReader 类，BinaryWriter 类用于向 Test.data 写入整数 0 到 10，Test.data 将文件指针置于文件尾。再将文件指针设置回初始位置后，BinaryReader 类用于读出指定的内容。

例 9.7　使用 BinaryWriter 类和 BinaryReader 类进行二进制文件流的读写。

程序代码：

```
using System;
using System.IO;

namespace _2_7
{
    class FileTest
    {
        //设置待创建新的空文件流的名称为 Test.data
        private const string FILE_NAME = "Test.data";
        static void Main(string[] args)
        {
            //检验该文件流是否已经存在，若不存在则创建新的空文件流
            if (File.Exists(FILE_NAME))
            {
                Console.WriteLine("{0} already exists!", FILE_NAME);
                return;
            }
            FileStream myFileStream = new FileStream(FILE_NAME, FileMode. CreateNew);
            // 为文件流创建二进制写入器
```

```
            BinaryWriter myBinaryWriter = new BinaryWriter(myFileStream);
            // 写入数据
            for (int i = 0; i < 11; i++)
            {
                myBinaryWriter.Write((int)i);
            }
            myBinaryWriter.Close();
            myFileStream.Close();
            // Create the reader for data.
            myFileStream = new FileStream(FILE_NAME, FileMode.Open, FileAccess. Read);
            BinaryReader myBinaryReader = new BinaryReader(myFileStream);
            // Read data from Test.data.
            for (int i = 0; i < 11; i++)
            {
                Console.WriteLine(myBinaryReader.ReadInt32());
            }
            myBinaryReader.Close();
            myFileStream.Close();
        }
    }
}
```

按 Ctrl+F5 键，程序运行结果：

9.3 异步文件操作

以上几小节涉及的都是同步 I/O 操作，本小节将介绍异步文件操作，先谈谈两者之间的区别。

在同步 I/O 操作中，方法将一直处于等待状态，直到 I/O 操作完成。而在异步 I/O 操作里，在进行 I/O 操作时，程序的方法仍可以转移去执行其他的操作。这样就大大提高了程序的执行效率，充分利用了计算机的高性能，解决了计算机的高性能与 I/O 操作的低性能之间的矛盾。在.NET 框架中，通过 Stream 类的 BeginRead（ ）方法、EndRead（ ）方法、BeginWrite（ ）方法以及 EndWrite（ ）方法提供了异步 I/O。

异步 I/O 的顺序如下：调用文件的 BeginRead（ ）方法，然后转向其他与此无关的工作，读取过程将在另一线程中进行。当读取完成时，会有一个回调方法进行通知，然后再处理读取的数据。

习题九

1. 编写一个控制台应用程序，使用 BinaryWriter 类和 BinaryReader 类，把各种不同类型的数据写入文件，然后再从文件中读出。

程序代码如下：

```
using System;
using System.Collections.Generic;
using System.ComponentModel;
using System.Data;
using System.Drawing;
using System.Linq;
using System.Text;
using System.Windows.Forms;
namespace lx1
{
class test
    {
        static void Main(string[] args)
        {
            BinaryWriter dataOut=null;
            BinaryReader dataIn=null;
            int i=10;
            double d = 5.456;
            bool b = true;
            try
            {
                dataOut = new BinaryWriter(new FileStream("c:\\testdata", FileMode.Create));
            }
            catch (IOException ex)
```

```
{
    Console.WriteLine(ex.Message+"can't open file");
}
try
{
    Console.WriteLine("Writing " + i);
    dataOut.Write(i);
    Console.WriteLine("Writing " + d);
    dataOut.Write(d);
    Console.WriteLine("Writing " + b);
    dataOut.Write(b);
    Console.WriteLine("Writing " + 3.6 * 6.4);
    dataOut.Write(3.6 * 6.4);
}
catch (IOException ex)
{
    Console.WriteLine(ex.Message+"\nWrite Error");
}
dataOut.Close();
Console.WriteLine();
//now, read them back
try
{
    dataIn = new BinaryReader(new FileStream("testdata", FileMode.Open));
}
catch (FileNotFoundException ex)
{
    Console.WriteLine(ex.Message+"\n cannot open file.");
}
try
{
    Console.WriteLine("reading " + i);
    Console.WriteLine(dataIn.ReadInt32());
    Console.WriteLine("reading " + d);
    Console.WriteLine(dataIn.ReadDouble());
    Console.WriteLine("reading " + b);
    Console.WriteLine(dataIn.ReadBoolean());
    Console.WriteLine("reading " + "3.6 * 6.4");
    Console.WriteLine(dataIn.ReadDouble());
```

```
            }
            catch (IOException ex)
            {
                Console.WriteLine(ex.ToString() + "\nread Error");
            }
            dataIn.Close();
        }
    }
}
```

第 10 章　使用 ADO.NET 访问数据库

本章要点：ADO.NET 与数据库概述；ADO.NET 类和对象概述；ADO.NET 基本数据库编程；ADO.NET 与 XML 的关系；在 DataSet 中的 XML 支持。

10.1　ADO.NET 与数据库概述

ADO.NET(Active Data Objects.NET)是.NET Framework 的重要组成部分，使用 ADO.NET 可以很方便地访问数据库。ADO.NET 是数据库应用程序与数据源沟通的桥梁，它主要提供一个面向对象的数据存储结构，用来开发数据库应用程序。ADO.NET 的架构主要是希望能够在做处理数据的同时，不要一直与数据库联机，而导致一直占用系统资源的现象发生。为了解决此问题，ADO.NET 将存取数据和数据处理分开，达到离线存取数据的目的，使得数据库能够执行其他操作。因此将 ADO.NET 架构分成.NET 数据提供程序和 DataSet 数据集(数据处理的核心) 两个主要部分。

ADO.NET 作为重要的.NET 数据库应用程序的解决方案，更多地显示了涵盖全面的设计，而不仅是单纯地以数据库为中心。

在 ADO.NET 中，访问 ADO.NET 中的数据源是由托管提供程序所控制，ADO.NET 架构的两个主要组件是 Data Provider(数据提供者)和 DataSet(数据集)。

（1）Data Provider 提供了 DataSet 与数据中心(如 MS SQL)之间的联系，同时也包含了存取数据中心(数据库)的一系列接口。

（2）DataSet 即数据集，是 ADO.NET 的核心，是指内存中的数据库数据的副本，用于支持 ADO.NET 中的离线数据的访问。DataSet 对象表示了数据库中的完整数据，包括表、限制以及表之间的关系。

ADO.NET 结构示意图如图 10.1 所示：

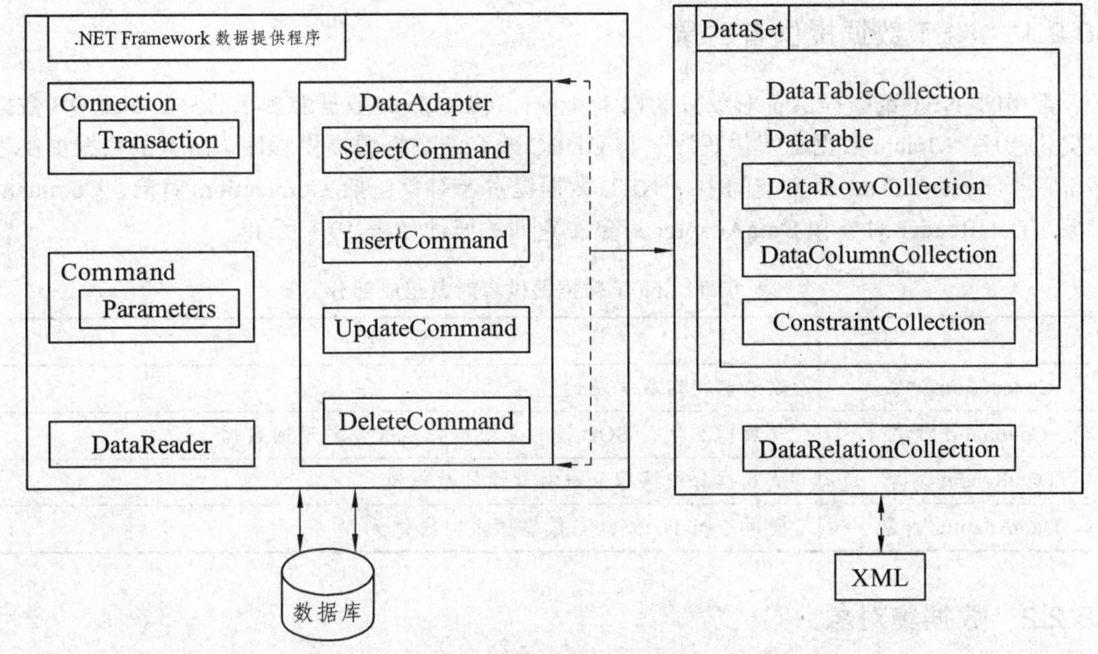

图 10.1　ADO.NET 结构

数据库是有组织的信息集合。关系型数据库是一组相关信息的集合，组成表格结构。常见的数据库管理系统有 Access、SQL Server、Oracle。

10.2　ADO.NET 类和对象概述

ADO.NET 中的对象大概可分为.NET 数据提供者对象和数据集对象两种，.NET 数据提供者对象专用于完成在数据源中实际的读取和写入工作，数据集对象是将数据读入到内存后用来访问和操作数据的对象，数据集对象以非连接方式使用，在数据库关闭之后也可以使用内存中的数据；而.NET 数据提供者对象中要求活动地连接。

.NET Framework 数据提供程序是专门为数据处理以及快速地只进、只读访问数据而设计的组件。Connection 对象提供与数据源的连接。Command 对象能够访问用于返回数据、修改数据、运行存储过程以及发送或检索参数信息的数据库命令。DataReader 从数据源中提供高性能的数据流。最后，DataAdapter 提供连接 DataSet 对象和数据源的桥梁。DataAdapter 在数据源中执行 SQL 命令，以便将数据加载到 DataSet 中，并保证 DataSet 中数据的更改与数据源保持一致。

DataSet 专门为独立于任何数据源的数据访问而设计。因此，它可用于多种不同的数据源、用于 XML 数据或用于管理应用程序本地的数据。DataSet 包含一个或多个 DataTable 对象的集合，这些对象由数据行和数据列以及有关 DataTable 对象中数据的主键、外键、约束和关系信息组成。

10.2.1 .NET 数据提供者对象

常用的. NET 数据提供者对象分为以下 4 种：SQL Server 数据源提供程序、OLE DB 数据源提供程序、Oracle 数据源提供程序、与 ODBC 兼容的数据源提供程序。所有的数据提供程序都位于 System.Data 命名空间中。.NET 数据提供者对象包括 Connection 对象、Command 对象、DataReader 对象和 DataAdapter 对象。它们的属性如表 10.1 所示。

表 10.1 .NET 数据提供者对象组成部分

对　象	属　性
Connection 对象	建立与特定数据源的连接
Command 对象	对数据源执行 SQL 语句命令，并从数据源返回数据
DataReader 对象	从数据源中读取只进且只读的数据流
DataAdapter 对象	提供连接 DataSet 与数据库之间的桥梁

10.2.2 数据集对象

数据集对象可以为数据库中的信息存储一个本地拷贝，即数据库在内存中的副本，从而可以在切断数据库连接时处理这些信息。可以按任何顺序读行，可以按灵活的方式搜索、排序和过滤这些行，甚至可以改变这些行，然后将所做的改变同步到数据库中，主要包含以下几种对象：DataSet 对象、DataTable 对象、DataRow 对象、DataColumn 对象。

数据集（DataSet）是数据库在内存中的副本。数据集像是一个简化的关系数据库，包含了表、表与表的关系。要注意的是：在 ADO.NET 中，数据集和数据源并没有连接在一起，数据集不知道自身所包含的数据来自何处，这些数据可能来自于多个数据源。

ADO.NET 的最重要概念之一是 DataSet。DataSet 是不依赖于数据库的独立数据集合。

ADO.NET 数据访问步骤：

（1）创建一个数据库连接。

（2）请求一个记录集合。

（3）把记录集合暂存到 DataSet。

（4）如果需要，返回（2）。（DataSet 可以容纳多个记录集合）

（5）关闭数据库链路。

（6）在 DataSet 上做所需要的操作。

10.2.3 使用 System .Data 命名空间

进行 ADO.NET 应用开发的第一步就是引用 System.Data 命名空间，其中含有所有的 ADO.NET 类，即“using System.Data;”，针对不同类型的数据库，还需要引用专门的命名空间：

（1）SQL Server 数据库。

```
using System.Data.SqlClient;
```

（2）Access 数据库。

using System.Data. OleDb;

（3）Oracle 数据库。

using System.Data.OracleClient;

（4）ODBC 兼容的数据库。

using System.Data.Odbc;

10.2.4　查询数据库

例 10.1　创建一个简单的控制台应用程序，能连接数据库，并能查询数据库里的数据。

程序的主要步骤：

（1）创建数据库。比如 Access、SQL Server、Oracle。如果数据库已存在，要明确访问的目标数据库。

（2）使用 Connection 对象连接目标数据库。

（3）使用 Command 对象对数据源执行查询 SQL 语句并返回数据。

（4）使用 DataReader 对象读取从数据源查询到的数据。

（5）断开数据库连接。

本题为方便起见，访问的目标数据库为 SQL Server 2000 自带的 Northwind 数据库。

程序代码：

```
using System;
using System.Data.SqlClient;

namespace MyFirstExample
{
    class MyFirstExample
    {
        static void Main(string[] args)
        {
            //连接 SQL Server2000 数据库的字符串
            string connectionString = @"server=.;database=Northwind;uid=sa;pwd=sa";

            //创建 SqlConnection 对象，并连接到 SQL Server2000 自带的 Northwind 数据库
            SqlConnection mySqlConnection = new SqlConnection(connectionString);

            //用 Connection 对象的 Open 方法打开数据库
            mySqlConnection.Open();

            string commandString = "Select CustomerID,CompanyName, ContactName, Address
            From Customers Where CustomerID = 'ALFKI'";
```

```
            SqlCommand mySqlCommand = new SqlCommand(commandString, mySqlConnection);

            //执行 ExecuteReader 方法，并把查询的结果赋给 SqlDataReader 对象
            SqlDataReader mySqlDataReader = mySqlCommand.ExecuteReader();

            //前进到下一条记录
            mySqlDataReader.Read();

            //显示列属性值
            Console.WriteLine("mySqlDataReader[\"CustomerID\"] = " + mySqlDataReader["CustomerID"]);
            Console.WriteLine("mySqlDataReader[\"CompanyName\"] = " + mySqlDataReader["CompanyName"]);
            Console.WriteLine("mySqlDataReader[\"ContactName\"] = " + mySqlDataReader["ContactName"]);
            Console.WriteLine("mySqlDataReader[\"Address\"] = " + mySqlDataReader["Address"]);

            //关闭 SqlDataReader 对象
            mySqlDataReader.Close();

            //关闭数据库连接
            mySqlConnection.Close();
        }
    }
}
```

按 Ctrl+F5 键，程序运行结果：

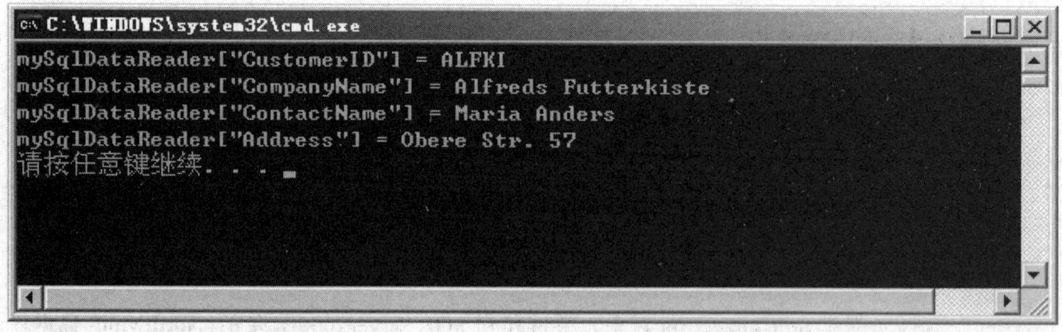

说明：

（1）SqlConnection 构造函数的实参字符串称为连接字符串。其中“server”是指 SQL Server 数据库服务器名称，这里是“.”，指本机，当然也可以用“localhost”或者“local”，或者计算机名，以实际的 SQL Server 数据库服务器端为准；“database”是访问的目标数据库名，这里是系统自带的 Northwind；“uid”是数据库用户账户名，这里是 sa，sa 是常用的数据库用户账户名，表示数据库管理员（DBA），可以使用任何数据库用户账户，只要其能够访问 Northwind 数据库即可；“pwd”是指用户口令。本例所使用的数据库用户账户是 sa，口令也

是 sa，读者在自行操作时应保证“pwd”与数据库服务器端的设置保持一致。

（2）显示 SqlDataReader 对象中的列值，要读取 SqlDataReader 对象中的列值，可以在方括号中输入列名。例如：mySqlDataReader["CustomerID"]返回 CustomerID 列的值。

（3）下面是数据库服务器端的层次结构，如图 10.2 所示。可以看出，数据库服务器名为“local”，现在访问的数据库名为“Northwind”,表为“Customers”，最后是表中的记录。根据 SQL 语句大家知道，查询的结果其实就是第一条记录。对比程序的运行结果发现，确实把数据库里的数据查询出来并显示在控制台中。

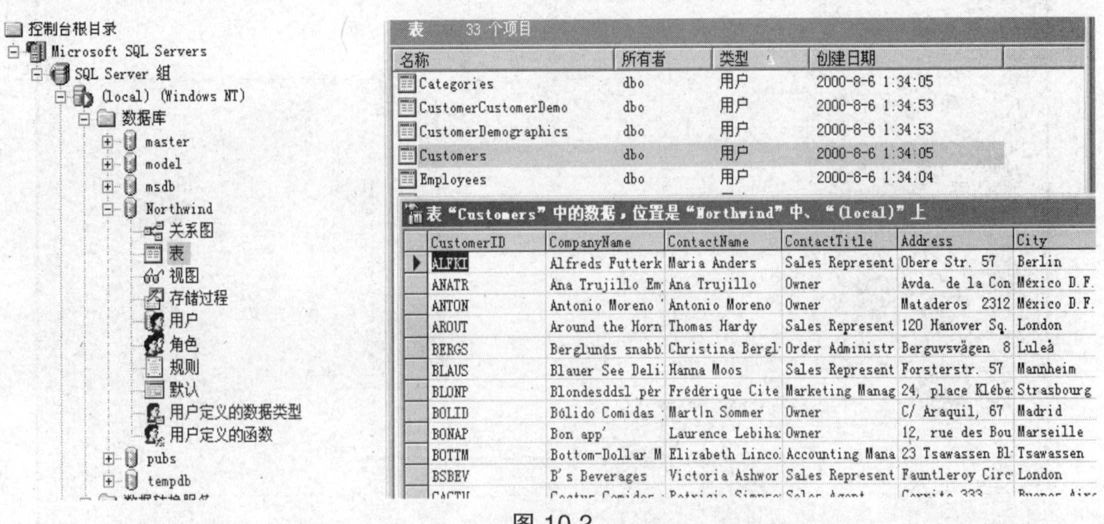

图 10.2

10.3　ADO.NET 基本数据库编程（增加、删除、修改数据）

常用的数据库编程包括插入新的数据、删除数据和修改数据，即执行 SQL 语法中的 Insert、Delete、Update 语句。一般是利用 Command 对象的相关方法去执行相应的 SQL 语句，实现以上功能。

Command 对象的常用方法：

（1）ExecuteNonQuery 方法。

ExecuteNonQuery 方法用来执行 Insert、Update、Delete 和其他没有返回结果集的 SQL 语句，并返回执行命令后影响的行数。若 Update 和 Delete 命令所对应的目标记录不存在，返回 0。若出错，返回-1。

（2）ExecuteScalar 方法。

ExecuteScalar 方法执行一个 SQL 命令，并返回结果集中的首行首列。如果结果集大于一行一列，则忽略其他部分。根据该特性，这个方法通常用来执行包含 Count、Sum 等聚合函数的 SQL 语句。

（3）ExecuteReader 方法。

ExecuteReader 方法在 Command 对象中用得比较多，通过返回 DataReader 类型的对象，应用程序能够获得执行 SQL 查询语句后的结果集。

首先在 Northwind 数据库中建立一个名为 student 的新表，其结构如图 10.3 所示。

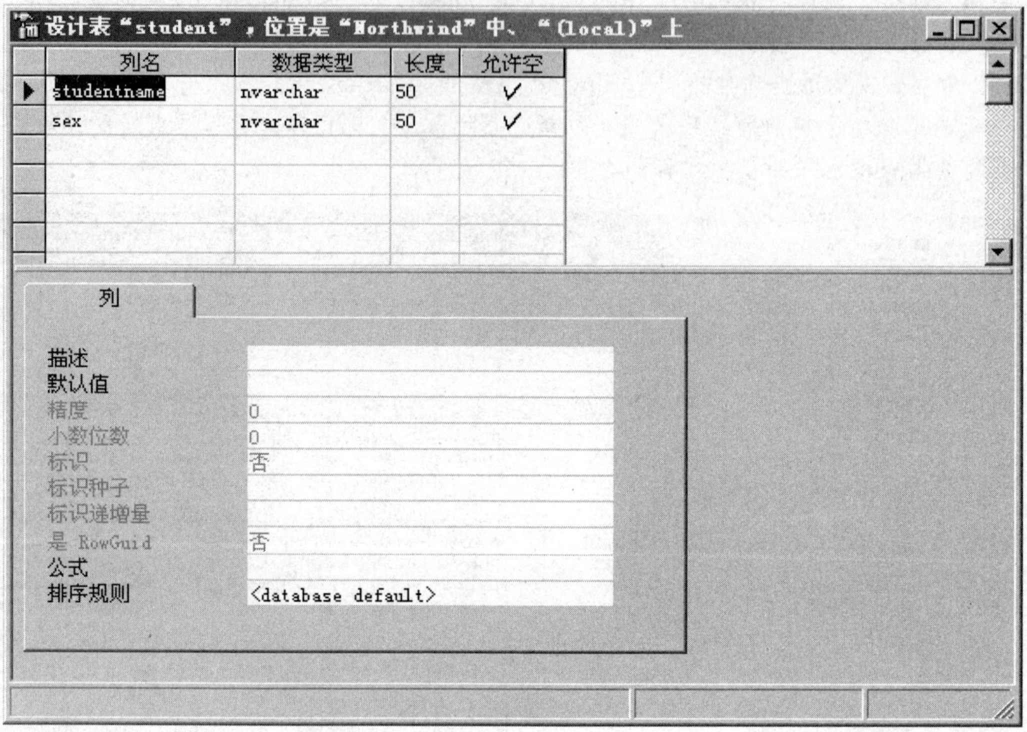

图 10.3

在 student 表中添加几条记录，如图 10.4 所示。

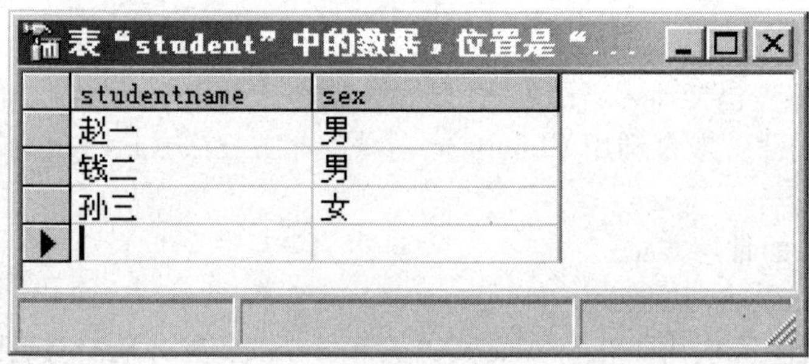

图 10.4

10.3.1 插入新的数据记录

使用 Command 对象的 ExecuteNonQuery 方法来实现插入数据操作，用 Insert 语句来设定具体的要插入的新记录内容。

下面的程序实现了在 Northwind 数据库的 student 表中插入一条新的记录。

程序代码如下：

```
using System;
```

```
using System.Data;
using System.Data.SqlClient;

namespace ADONETWriteQuery
{
    class ADONETWriteQuery
    {
        static void Main(string[] args)
        {
            //连接 SQL Server 2000 数据库的字符串
            string connectionString = @"server=localhost; database=Northwind; uid=sa; pwd=sa";
            //创建 SqlConnection 对象，并连接到 SQL Server 2000 自带的 Northwind 数据库
            SqlConnection mySqlConnection = new SqlConnection(connectionString);
            //用 Connection 对象的 Open 方法打开数据库
            mySqlConnection.Open();
            //创建 Insert 语句，在 Student 表中插入一条新的记录
            string InsertString = "INSERT INTO Student(StudentName,Sex) VALUES('王二','男')";
            //创建 SqlCommand 对象
            SqlCommand mySqlCommand = new SqlCommand (InsertString, mySql Connection );
            //执行 SqlCommand 对象的 ExecuteNonQuery 方法，插入一条新的记录
            mySqlCommand.ExecuteNonQuery();
            Console.Write("恭喜，插入新记录任务完成！");
            //关闭数据库连接
            mySqlConnection.Close();
        }
    }
}
```

程序执行前，打开 student 表，记录如图 10.5 所示。

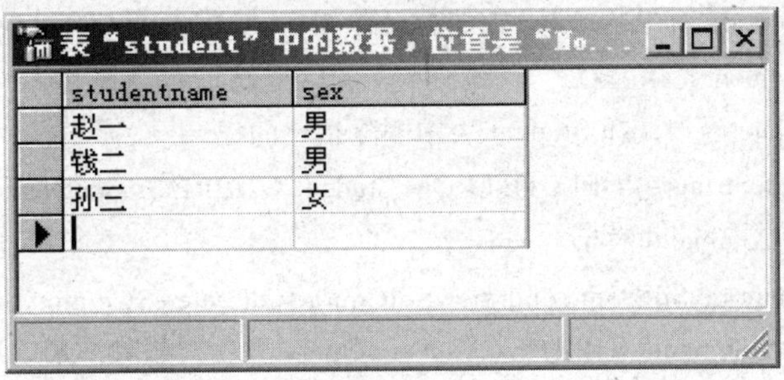

表“student”中的数据，位置是“No...

studentname	sex
赵一	男
钱二	男
孙三	女

图 10.5

程序运行后，打开 student 表，可以发现新增加了一条记录，记录如图 10.6 所示。

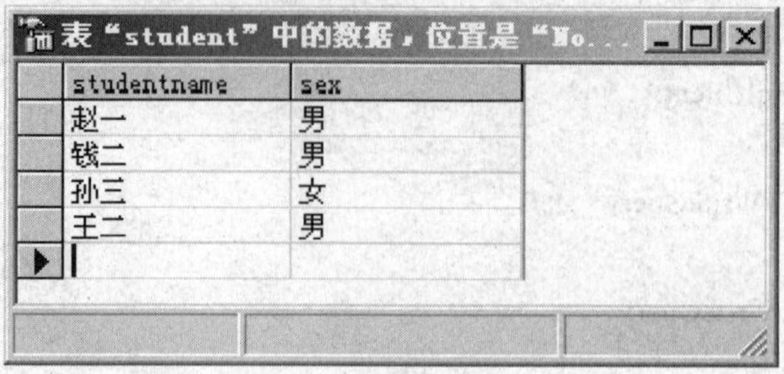

	studentname	sex
	赵一	男
	钱二	男
	孙三	女
	王二	男
▶		

图 10.6

10.3.2 删除数据记录

使用 Command 对象的 ExecuteNonQuery 方法来实现删除数据操作，用 Delete 语句来设定具体的要删除的记录。

下面的程序实现在 Northwind 数据库的 student 表中删除指定的记录。

程序代码：

```
using System;
using System.Data;
using System.Data.SqlClient;

namespace ADONETDeleteQuery
{
    class ADONETDeleteQuery
    {
        static void Main(string[] args)
        {
            //连接 SQL Server 2000 数据库的字符串
            string connectionString = @"server=localhost;database=Northwind;uid=sa; pwd=sa";
            //创建 SqlConnection 对象，并连接到 SQL Server 2000 自带的 Northwind 数据库
        SqlConnection mySqlConnection = new SqlConnection(connectionString);
        //用 Connection 对象的 Open 方法打开数据库
        mySqlConnection.Open();
        //创建 Delete 语句，在 Student 表中删除指定的记录
        string DeleteString = "DELETE FROM Student WHERE StudentName='赵一'";
        //创建 SqlCommand 对象
        SqlCommand mySqlCommand=newSqlCommand(DeleteString,mySql Connection);
        //执行 SqlCommand 对象的 ExecuteNonQuery 方法，删除一条记录
        mySqlCommand.ExecuteNonQuery();
        Console.Write("恭喜，从 Student 删除指定记录任务完成！");
        //关闭数据库连接
```

```
            mySqlConnection.Close();
        }
    }
}
```

程序执行前，打开 student 表，记录如图 10.7 所示。

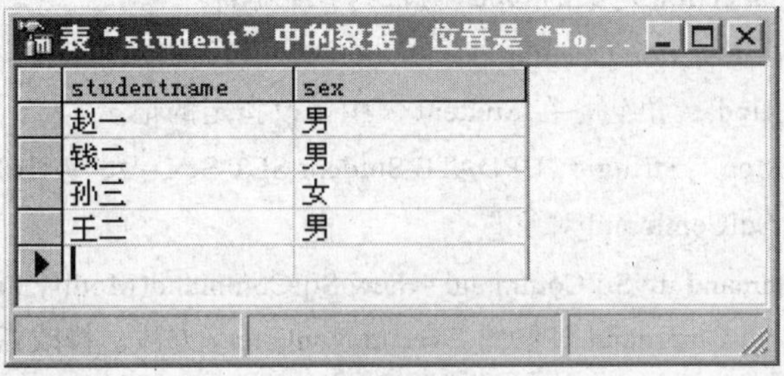

表"student"中的数据，位置是"No...

studentname	sex
赵一	男
钱二	男
孙三	女
王二	男

图 10.7

程序运行后，打开 student 表，可以发现删除了一条记录，记录如图 10.8 所示。

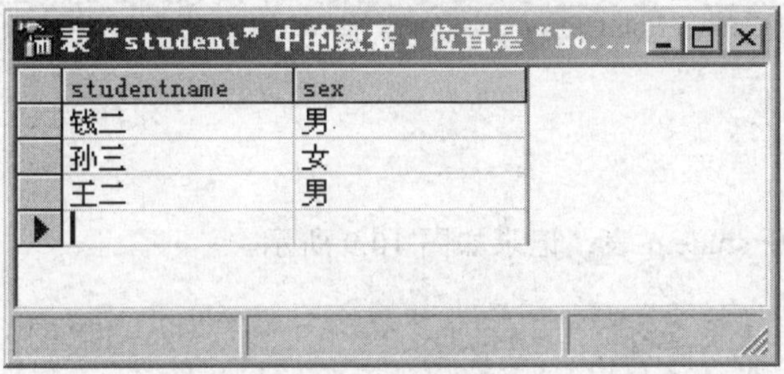

表"student"中的数据，位置是"No...

studentname	sex
钱二	男
孙三	女
王二	男

图 10.8

10.3.3　修改数据记录

使用 Command 对象的 ExecuteNonQuery 方法来实现修改数据操作，用 Update 语句来修改指定记录的内容。

下面的程序实现在 Northwind 数据库的 student 表中修改指定的记录。

程序代码：

```
using System;
using System.Data;
using System.Data.SqlClient;

namespace ADONETModifyQuery
{
    class ADONETModifyQuery
    {
        static void Main(string[] args)
```

```
        {
            //连接 SQL Server 2000 数据库的字符串
            string connectionString = @"server=localhost;database=Northwind; uid=sa;pwd=sa";
            //创建 SqlConnection 对象，并连接到 SQL Server2000 自带的 Northwind 数据库
            SqlConnection mySqlConnection = new SqlConnection(connectionString);
            //用 Connection 对象的 Open 方法打开数据库
            mySqlConnection.Open();
            //创建 Update 语句，在 Student 表中修改指定的记录
            string ModifyString = "UPDATE Student SET Sex ='女' WHERE StudentName='王二'";
            //创建 SqlCommand 对象
            SqlCommand mySqlCommand = new SqlCommand(ModifyString, mySqlConnection);
            //执行 SqlCommand 对象的 ExecuteNonQuery 方法，修改指定的记录
            mySqlCommand.ExecuteNonQuery();
            Console.Write("恭喜，从 Student 修改指定记录任务完成！");
            //关闭数据库连接
            mySqlConnection.Close();
        }
    }
}
```

程序执行前，打开 student 表，记录如图 10.9 所示。

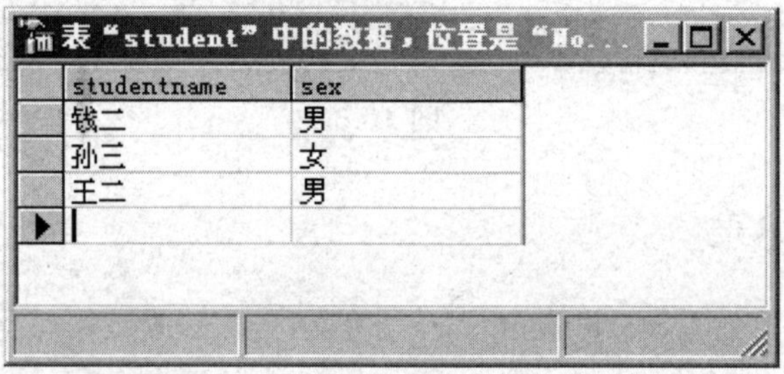

表“student”中的数据，位置是“Mo...

studentname	sex
钱二	男
孙三	女
王二	男

图 10.9

程序运行后，打开 student 表，记录如图 10.10 所示。

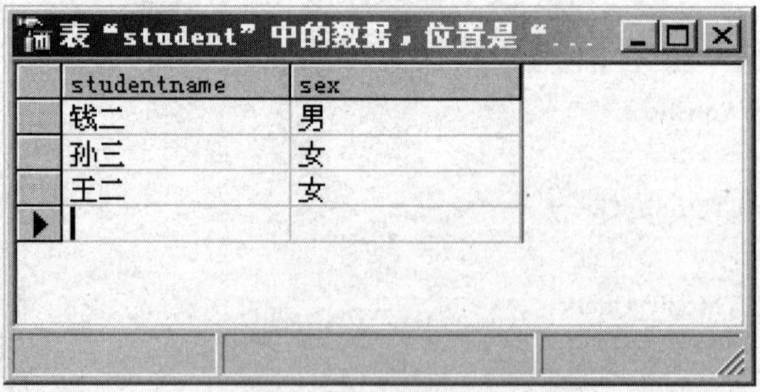

表“student”中的数据，位置是“...

studentname	sex
钱二	男
孙三	女
王二	女

图 10.10

10.4　ADO.NET 与 XML

可扩展标记语言(Extensible Markup Language，XML)在 Internet 中的地位已经确立，因此与 XML 相关的研究和应用正在兴起并在 Internet 时代背景下迅速发展。支持 XML 是 ADO.NET 的一个主要设计目标，它对于 ADO.NET 内部实现是非常重要的，本节就介绍 ADO.NET 与 XML 之间的关联。

10.4.1　了解 ADO.NET 和 XML

.NET 框架提供了操作 XML 文档和数据的一组完整的类。XmlReader 和 XmlWriter 对象以及这两个对象的派生类提供了操作 XML 数据的能力。另外，ADO.NET 数据集类对读写 XML 数据提供直接支持。

10.4.2　DataSet 对象对 XML 的支持

在 ADO.NET 中对 XML 支持的主要是 DataSet 对象。DataSet 具有 WriteXml 方法，它将数据集的内容以 XML 文档的形式写出。ReadXml 方法也可以用于将 XML 文件的内容读入 DataSet 中。

1. 写入 XML 数据

下面程序实现的功能是将数据库中的数据写到 xml 文件中。

注： DataSet 对象与 DataAdapter 对象配合，完成数据的查询和更新操作。

程序代码：

```
using System;
using System.Data;
using System.Data.SqlClient;

namespace WriteXMLExample
{
    class WriteXMLExample
    {
        static void Main(string[] args)
        {
            //连接 SQL Server 2000 数据库的字符串
            string connectionString = @"server=localhost;database=Northwind;uid=sa; pwd=sa";
            //创建 SqlConnection 对象，并连接到 SQL Server 2000 自带的 Northwind 数据库
            SqlConnection mySqlConnection = new SqlConnection(connectionString);
```

```
            //打开数据库
            mySqlConnection.Open();
            //新建一个 DataSet 对象
            DataSet myDataSet = new DataSet();
            //查询 Northwind 数据库里 Shippers 表的所有记录
            string SQLString = "Select * from Shippers";
            //新建一个 SqlDataAdapter 对象，并执行了一个查询语句
        SqlDataAdapter mySqlDataAdapter=new SqlDataAdapter(SQLString, mySql Connection);
            //使用 Fill 方法把所有的数据放在 myDataSet
            mySqlDataAdapter.Fill(myDataSet);
            //设置 xml 文件的路径为当前程序所在的路径，xml 文件名称为 Shippers
            string pathXML = System.Environment.CurrentDirectory + "\\Shippers.xml" ;
            //调用 WriteXML 方法把查询结果放到 Shippers.xml 的 XML 文档中
            myDataSet.WriteXml(pathXML);
           //关闭数据库连接
            mySqlConnection.Close();
        }
    }
}
```

程序运行后，便在程序所在目录下生成了 Shippers.xml 文件，可以用浏览器直接打开它，如图 10.11 所示。

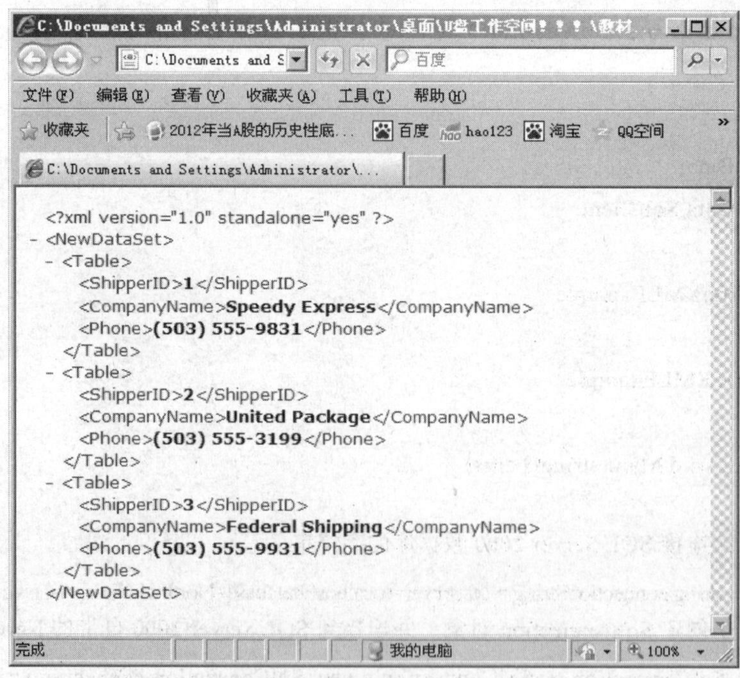

图 10.11

对比如图 10.12 所示 Shippers 表中的数据，发现两者的数据是一致的，只是组织的方式不一样。

表"Shippers"中的数据，位置是"Northw...

ShipperID	CompanyName	Phone
1	Speedy Express	(503) 555-9831
2	United Package	(503) 555-3199
3	Federal Shippin	(503) 555-9931

图 10.12

2. 读取 XML 数据

使用 DataSet 的 ReadXML 方法可以读出 XML 文档中的所有数据。需要先将上一个程序生成的 Shippers.xml 复制到 C 盘根目录下。

程序代码：

```
using System;
using System.Data;
using System.Data.SqlClient;

namespace ReadXMLExample
{
    class ReadXMLExample
    {
        static void Main(string[] args)
        {
            //新建一个 DataSet 对象
            DataSet myDataSet = new DataSet();
            //读取 C 盘根目录下的 Shippers.xml 文件，把文件内容填充到 DataSet 对象中
            myDataSet.ReadXml("C:\\Shippers.xml");
            //显示 myDataSet 对象中的数据
            for(int i=0;i<myDataSet.Tables[0].Rows.Count;i++)
            {
                string ShipperID = myDataSet.Tables[0].Rows[i]["ShipperID"].ToString();
                string CompanyName = myDataSet.Tables[0]. Rows[i]["CompanyName"]. ToString();
                string Phone = myDataSet.Tables[0].Rows[i]["Phone"].ToString();

                Console.WriteLine("ShipperID = {0}, CompanyName = {1}, Phone = {2}", ShipperID,
                Company Name, Phone);
```

```
            }
        }
    }
}
```

程序运行结果如下：

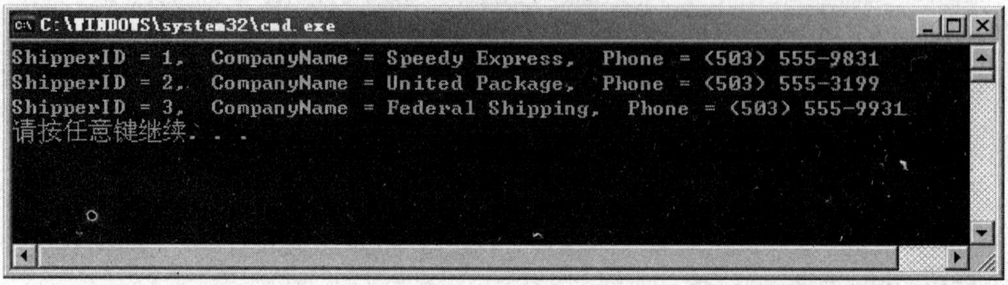

```
C:\WINDOWS\system32\cmd.exe
ShipperID = 1,  CompanyName = Speedy Express,  Phone = (503) 555-9831
ShipperID = 2,  CompanyName = United Package,  Phone = (503) 555-3199
ShipperID = 3,  CompanyName = Federal Shipping,  Phone = (503) 555-9931
请按任意键继续. . .
```

习题十

1. 把本章的所有例题改写成对应的 Windows 应用程序，要求功能基本不变，界面及交互更友好。

程序代码略。

第 11 章　Web 应用程序基础

11.1　ASP.NET 与 ASP

11.1.1　ASP.NET 与 ASP 主要区别

ASP.NET 是 ASP (Active Server Page)的后续版本，它是统一的 Web 开发平台，用于提供给开发人员生成企业级 Web 应用程序所需的服务。ASP.NET 相对于 ASP 具有革命性的进步：它提供了更易于编写、结构更清晰的代码，这些代码很容易进行再利用和共享；基于控件，拖放式编程；ASP.NET 是一个已编译的、基于.NET 的环境，可以用任何与.NET 兼容的语言创造应用程序。另外，ASP.NET 还包括页面事件、Web 控件、缓冲技术以及服务器控件和对数据绑定的改进。

使用 ASP.NET 在客户系统上创建 Web 应用程序，只需一个简单的 Web 浏览器，可以使用 Internet Explorer、Opera、Netscape Navigator、Firefox 或其他支持 HTML 的 Web 浏览器。客户系统不需要安装.NET。

1. 效　率

ASP 是一个脚本编程环境，只能用 VBScript 或者 JavaScript 这样的非模块化语言来编写应用程序。ASP 程序在每次请求的时候解释执行。这就意味着它在使用其他语言编写大量组件的时候会遇到困难，并且无法实现对操作系统的底层操作。ASP.NET 则是建立在.NET Framework 之上的，可以使用 Visual Basic、C#这样的模块化程序设计语言，并且它在第一次执行时进行编译，之后的执行不需要重新编译就可以直接运行，因此速度和效率要比 ASP 提高很多。

2. 可重用性

在编写 ASP 应用程序的时候，ASP 代码和 HTML 混合在一起。只要需要，就可以在任意的一个位置上插入一段代码来实现特定的功能，这种方法表面上看起来比较方便，但是在实际的工作中会产生大量繁琐的页面，很难读懂，导致代码维护很困难。ASP.NET 则可以实现代码和界面的完全分离，使得维护更方便。

3. 代码量

ASP 对所有要实现的功能均需要通过编写代码来实现。例如，为了保证一个用户数据提交页面的友好性，当用户输入错误的时候能显示错误的位置，并尽量把用户原来的输入在控件中显示出来。ASP 对于这样的一个应用需要程序员编写大量的代码实现。而在 ASP.NET 中，程序员只要先说明，ASP.NET 就可以自动实现这样的功能。使用 ASP.NET 比使用 ASP 的代码量要少得多。

11.1.2 ASP.NET 对象简介

尽管 ASP .NET 面向对象的设计和基础代码在本质上不同于 ASP，但 ASP 中许多常用的关键字和运算符在 ASP .NET 中仍保留了下来。ASP 用户所熟悉的内部对象(如 Request、Response、Server、Application 和 Session 等)仍是 ASP.NET 的一部分，并且其使用方式与在 ASP 中大体相同。因为它们都是全局对象，不必事先声明就可以直接使用。ASP.NET 定义了很多内置对象，每个对象都有各自的属性、方法、集合或事件。由于本章篇幅有限，因此这里只能简单介绍一下 ASP.NET 对象的相关内容，读者若有更多需求，可参阅 ASP.NET 相关书籍。

ASP 内置的对象主要有 6 个：Request 对象、Page 对象、Application 对象、Session 对象、Response 对象以及 Server 对象。下面分别予以简单介绍。

Request 对象主要功能是服务器端从客户端浏览器得到数据。

Response 对象用于向客户端浏览器发送数据，用户可以使用该对象将服务器端的数据以 HTML 的格式发送到用户端的浏览器。它与 Request 组成了一对接收、发送数据的对象，这也是实现动态网页的基础。

Page 对象对应 Web Form 窗体，主要用来设置与网页有关的各种属性、方法和事件。ASP.NET 分析 Web Form 窗体文件代码时，产生以窗体文件名为名称的类，该类是 System.Web.UI.Page 的派生类，因此在 Web Form 窗体文件中可以使用 Page 类的属性、方法和事件。

同一虚拟目录下的所有 ASP.NET 的文件构成了 ASP.NET 应用程序。Application 对象不但可以在给定的应用程序的所有用户之间共享信息以及在服务器运行期间持久地保存数据，而且，Application 对象还有控制访问应用层数据的方法和可用于在应用程序启动和停止时触发过程的事件。

Session 对象与 Application 对象都是 ASP.NET 内置对象，但是所有的连接用户只共用一个 Application 对象，而每个连接的用户都拥有一个自己的 Session 对象，这个 Session 对象用于在用户访问的各页面之间传递信息。Session 对象可以为每个用户的会话存储信息，默认的时间为 20 分钟，用户关闭网页后自动结束。Session 的英文意思为“会话”，在 Web 系统中，具体是指用户在浏览 Web 系统时，从进入网站到浏览器关闭所经过的这段交往时间。在 Session 中的注册变量可以在这段时间内保留其值，并可以在各个页面中使用。正是 Session 的这种特点，因此它常用于用户在页面之间进行参数传递，如用户身份认证、记录程序状态等。

Server 对象是最基本的 ASP.NET 对象，它派生自 HttpServerUtility 类，提供了服务器端的基本属性与方法。可以通过 Page 对象的 Server 属性获取对应的 Server 对象，即 Page.Server。通常 Page 可省略，直接使用 Server 进行操作。

11.2　Web Form 与 ASP.NET 4.0 概述

11.2.1　Web Form 概述

Web Form 分为两部分：用户界面(UI)与业务逻辑部分，它们分别存储在不同的文件中。用户页面存放在扩展名为“.aspx”的文件中，包含程序员添加到页面中的控件或者静态文本等；业务逻辑部分存放在一个扩展名为“.aspx.cs”的 C#源文件中，包含这些控件的事件处理代码等。

Web Form 在以下几个方面简化了 Web 应用程序的开发：

- 在服务器端提供了基于事件的编程模式，使得开发 Web 应用程序就像使用 RAD(快速开发工具)开发 Windows 应用程序一样简单。使用 ASP.NET 编写 Web 应用程序的方式类似于开发 Windows 应用程序，当然，Windows 和 Web 应用程序仍有许多区别，因为 Web 应用程序的底层技术是 HTTP 协议和 HTML 语言。
- 支持 HTML 标记与应用逻辑完全分离，将页面文件与编程逻辑分成两个文件存储，并支持.NET 平台下的任何语言。
- 运行在.NET 平台上，支持种类丰富、功能强大的.NET 组件。

11.2.2　ASP.NET 的工作原理

ASP.NET 服务器控件是 ASP.NET 的重要组成部分。几乎所有页面都包含一个或多个服务器控件。这些控件的外形和用法都与 Windows 窗体控件类似。

ASP.NET 服务器控件是服务器端 ASP.NET 网页上的对象，当用户通过浏览器请求 ASP.NET 网页时，这些控件将生成标准的 HTML 发送给客户端浏览器来呈现。用户请求 IIS 服务器提供一个页面时，Web 服务器通过分析客户的 HTTP 请求来定位所请求网页的位置。在 ASP.NET 页面上，服务器控件表现为一个标记，例如<asp:textbox…/>。这些标记不是标准的 HTML 元素，如果它们出现在网页上，浏览器将无法理解它们。因此，当从 Web 服务器上请求一个 ASP.NET 页面时，这些标记都将动态地转换为 HTML 元素。

在 WEB 网站中，事件在客户端被触发后，事件信息将被捕获，然后通过 HTTP 的 POST 方法发送到服务器端。在服务器端，ASP.NET 页面框架截获这个事件信息，调用相应的事件处理方法。

在这个事件处理模型中，事件的捕获、发送、解释都是由 ASP.NET 自动处理的，程序员只需要添加特定的事件处理方法即可。

例 11.1　制作一个静态网页和一个动态网页，理解两种网页模式的区别。

制作步骤：

启动 VS，选择“新建”/“网站”命令，打开“新建网站”对话框，在该对话框中的项目模板中选择“ASP.NET 空网站”，语言选择“Visual C#”，在“位置”下拉列表框中选择“文件系统”，将站点保存在“…”目录中，单击“确定”按钮即可创建一个新的网站。

如果在“新建网站”对话框中选择“ASP.NET 网站”模板，则新建的网站包括一个模板和一套网站安全验证机制。本书创建的网站都无需那些内容，因此我们创建空网站项目。

添加新的静态网页步骤如下：

（1）在解决方案资源管理器中，右击根节点网站项目名称，然后选择“添加”/“新建项”。

（2）在弹出的“添加新项”对话框内选择已安装的模板“Visual c#”中的“HTML 页”选项。

（3）在“名称”文本框中输入“HTMLPage.htm”。

（4）单击“添加”按钮，完成添加工作。

进入“设计”模式，从工具箱拖出下面两个 HTML 元素至页面，如图 11.1（a）所示，其效果如图 11.1（b）所示。

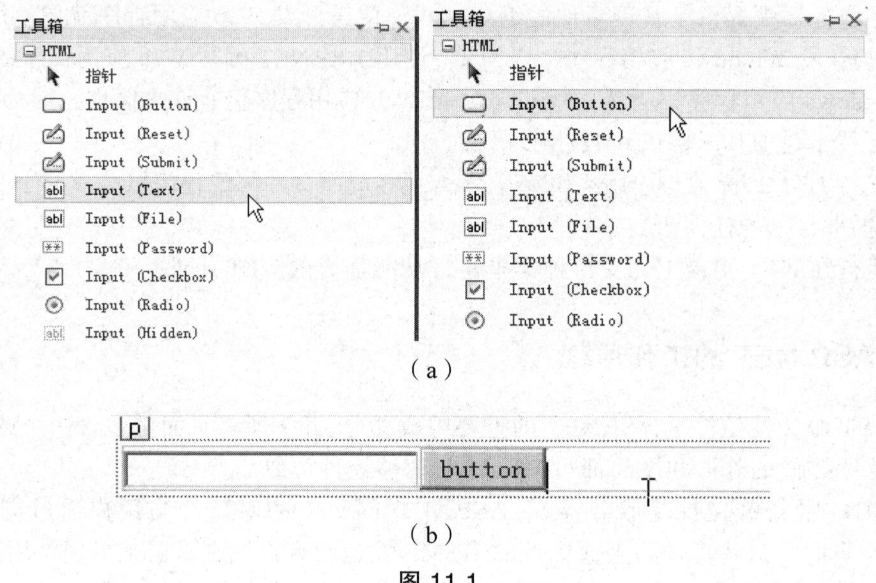

（a）

（b）

图 11.1

双击“button”，进入客户端事件处理代码编写，在“function Button1_onclick()”里面加入一行语句“Text1.value = Text1.value + "abc";”。

添加新的动态网页步骤如下：

（1）在解决方案资源管理器中，右击根节点网站项目名称，然后选择“添加”/“新建项”。

（2）在弹出的“添加新项”对话框内选择已安装的模板“Visual c#”中的“Web 窗体”选项。

（3）在“名称”文本框中输入“Default.aspx”。

（4）单击“添加”按钮，完成添加工作。

进入“设计”模式，从工具箱拖出下面两个服务器端控件至页面，如图 11.2（a）所示，其效果如图 11.2（b）所示。

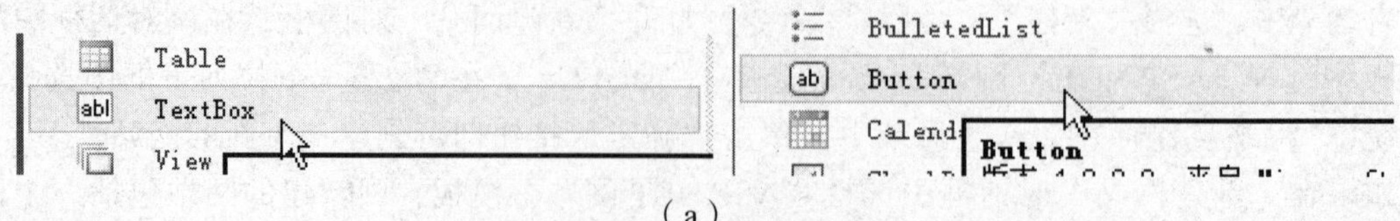

（a）

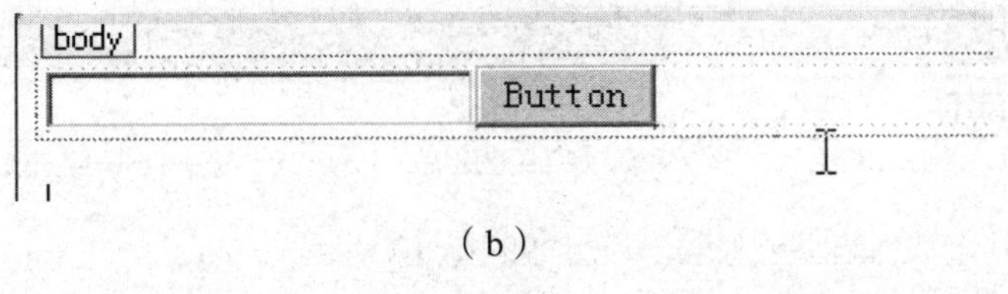

（b）

图 11.2

双击“button”，进入 Default.aspx.cs 文件，在“protected void Button1_Click(object sender, EventArgs e)”事件处理方法里加入一条语句“TextBox1.Text = TextBox1.Text + "abc";”。

运行结果：

选中“HTMLPage.htm”，单击“启动调试 F5”，运行静态网页，效果如图 11.3 所示。

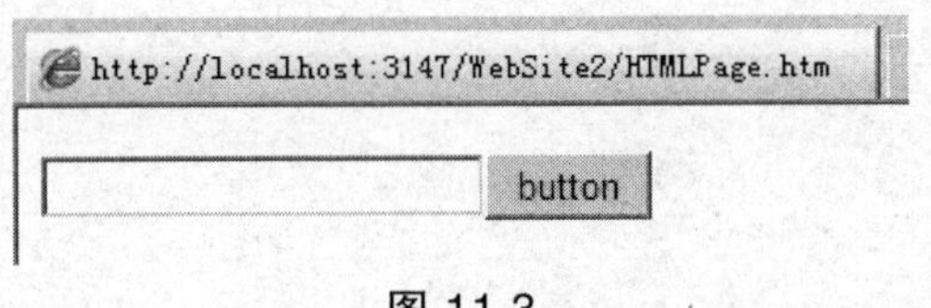

图 11.3

单击两次按钮，很明显，事件处理代码是在客户端浏览器里执行的，如图 11.4 所示。

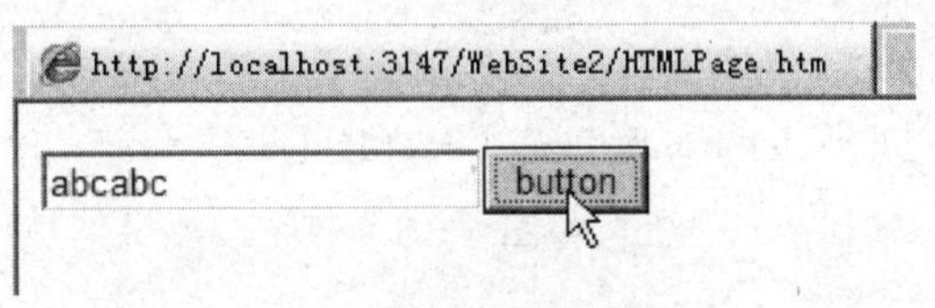

图 10.4

此时比较传递到浏览器里的 HTML 与网页设计时的 HTML【源】完全一致，分别如图 11.5（a）和图 11.5（b）所示。

```
http://localhost:3147/WebSite2/HTMLPage.htm - 原始源
文件(F)  编辑(E)  格式(O)
<!DOCTYPE html PUBLIC "-//W3C//DTD XHTML 1.0 Transitional//EN" "http://www.
 transitional.dtd">

<html xmlns="http://www.w3.org/1999/xhtml">
<head>
    <title></title>
    <script language="javascript" type="text/javascript">
// <![CDATA[

        function Button1_onclick() {
            Text1.value = Text1.value + "abc";
        }

// ]]>
    </script>
</head>
<body>

    <p>
        <input id="Text1" type="text" /><input id="Button1" type="button"
            value="button" onclick="return Button1_onclick()" /></p>

</body>
</html>
```

（a）浏览器 HTML

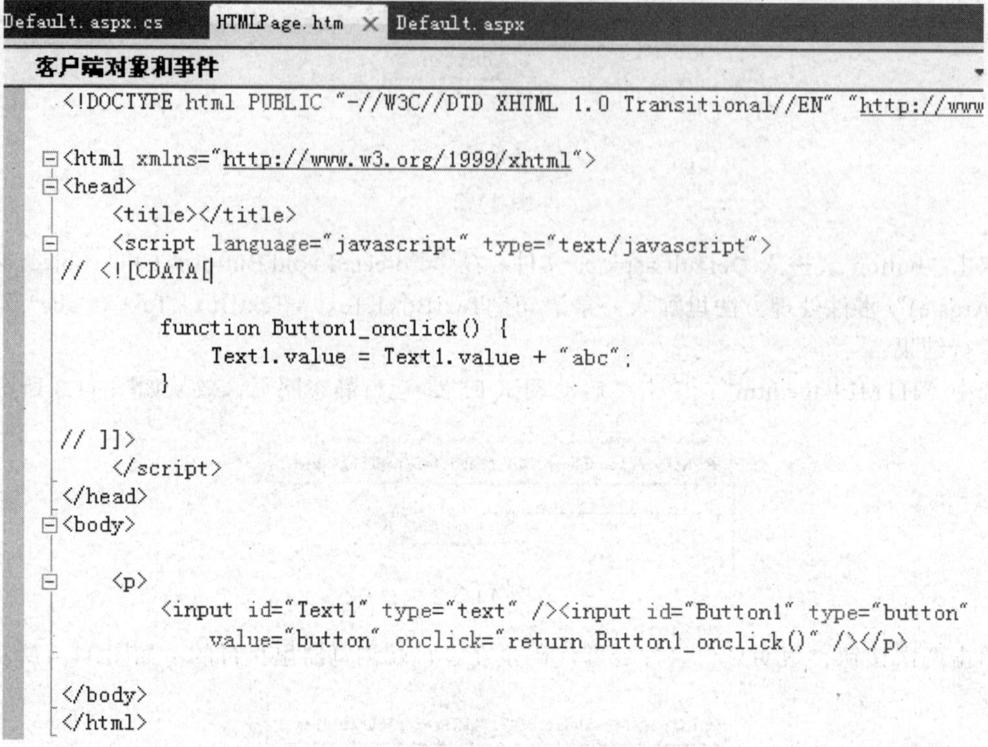

（b）网页设计 HTML【源】

图 11.5

选中“Default.aspx”，单击“启动调试 F5”运行动态网页，效果如图 11.6 所示。

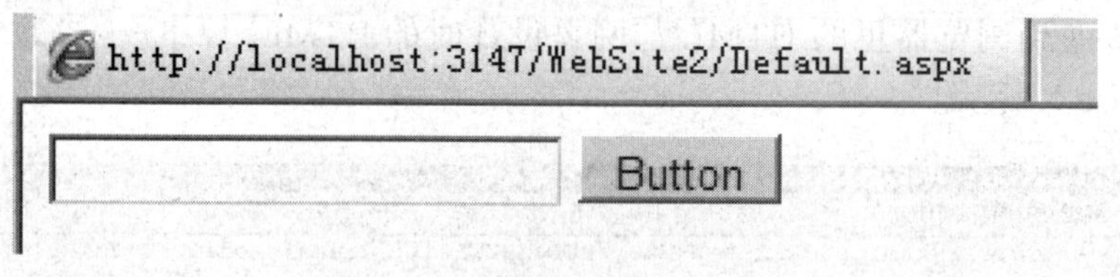

图 11.6

单击两次按钮，很明显，事件处理代码是在服务器端执行的，如图 11.7 所示。

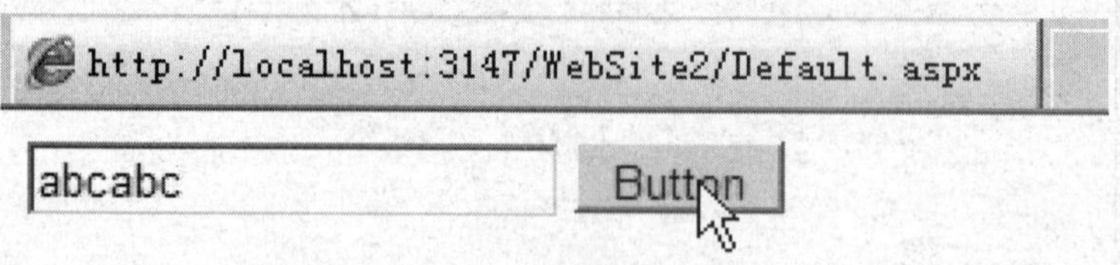

图 11.7

此时比较传递到浏览器里的 HTML 与网页设计时的【源】差异很大，分别如图 11.8（a）所示和图 11.8（b）所示。

```
http://localhost:3147/WebSite2/Default.aspx - 原始源
文件(F)  编辑(E)  格式(O)


<!DOCTYPE html PUBLIC "-//W3C//DTD XHTML 1.0 Transitional//EN" "http://www.w3.org/TR/xhtml1/DT
 transitional.dtd">

<html xmlns="http://www.w3.org/1999/xhtml">
<head><title>

</title></head>
<body>
    <form method="post" action="Default.aspx" id="form1">
<div class="aspNetHidden">
<input type="hidden" name="__VIEWSTATE" id="__VIEWSTATE"
 value="/wEPDwULLTE0MDM4MzYxMjNkZCGpvcxIm0r/RDqqlgklZjBYeh5AEsJz0pchK13altHo" />
</div>

<div class="aspNetHidden">

        <input type="hidden" name="__EVENTVALIDATION" id="__EVENTVALIDATION"
 value="/wEWAwLkitzLDgLs0bLrBgKM54rGBuMFDayKQHMDmT7SeYsZqQzqsbs5HCbZBswQPortx5Dl" />
</div>
    <div>

        <input name="TextBox1" type="text" value="abcabc" id="TextBox1" />
        <input type="submit" name="Button1" value="Button" id="Button1" style="height: 21px" /

    </div>
    </form>
</body>
</html>
```

（a）浏览器 HTML

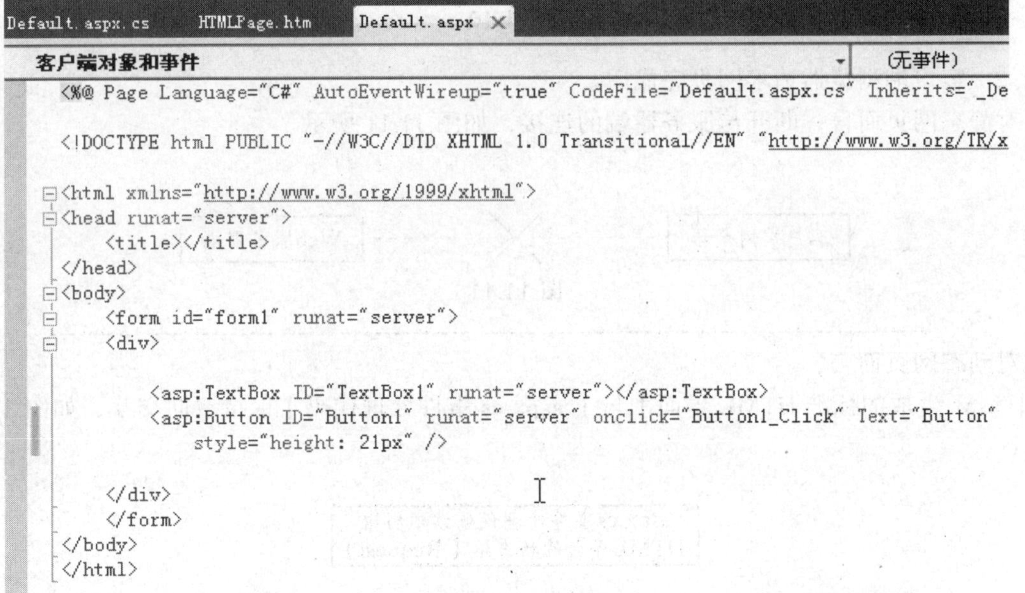

```
Default.aspx.cs    HTMLPage.htm    Default.aspx ×
客户端对象和事件                                  (无事件)
<%@ Page Language="C#" AutoEventWireup="true" CodeFile="Default.aspx.cs" Inherits="_De

<!DOCTYPE html PUBLIC "-//W3C//DTD XHTML 1.0 Transitional//EN" "http://www.w3.org/TR/x

<html xmlns="http://www.w3.org/1999/xhtml">
<head runat="server">
    <title></title>
</head>
<body>
    <form id="form1" runat="server">
    <div>

        <asp:TextBox ID="TextBox1" runat="server"></asp:TextBox>
        <asp:Button ID="Button1" runat="server" onclick="Button1_Click" Text="Button"
            style="height: 21px" />

    </div>
    </form>
</body>
</html>
```

（b）网页设计 HTML【源】

图 11.8

总结：

（1）客户端浏览器请求网页。

对静态网页而言，客户端浏览器请求网页示意图如图 11.9 所示。

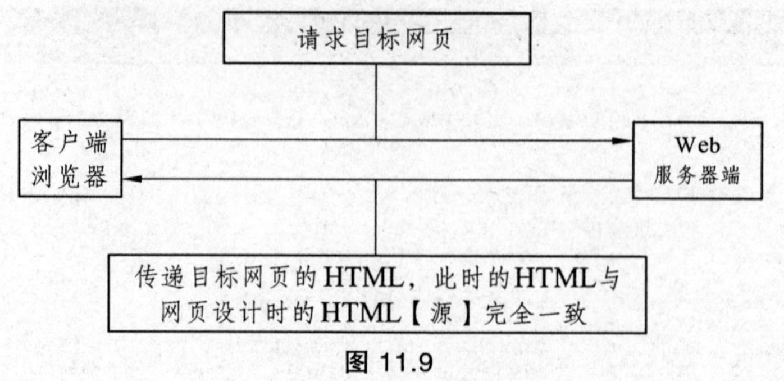

图 11.9

对动态网页而言，客户端浏览器请求网页示意图如图 11.10 所示。

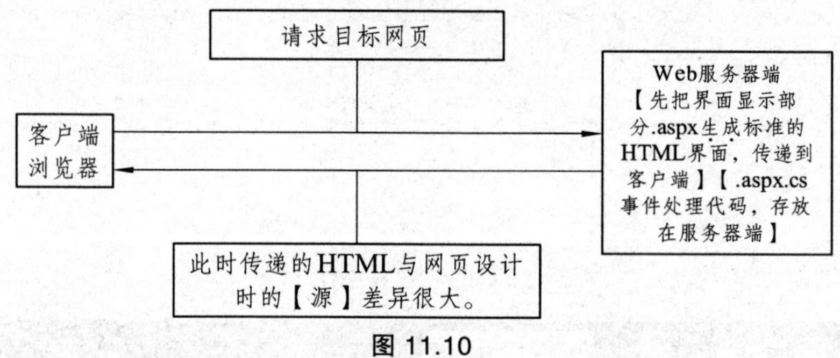

图 11.10

（2）客户端浏览器请求网页完成后。

对静态网页而言，断开与服务器端的连接，如图 11.11 所示。

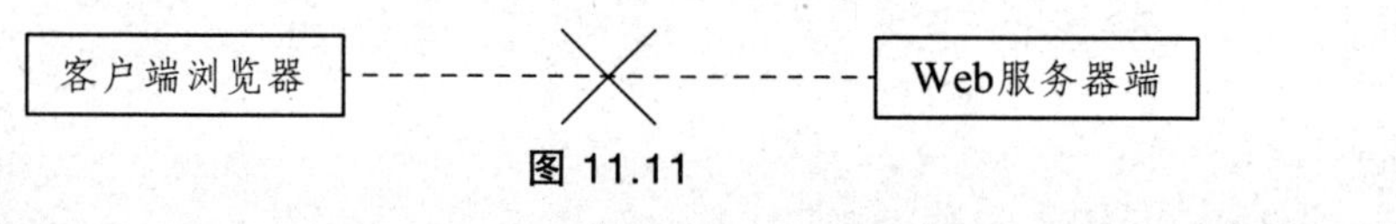

图 11.11

对动态网页而言，

【.aspx 生成的标准 HTML 界面】与【.aspx.cs 事件处理代码】保持双向交互，如图 11.12 所示。

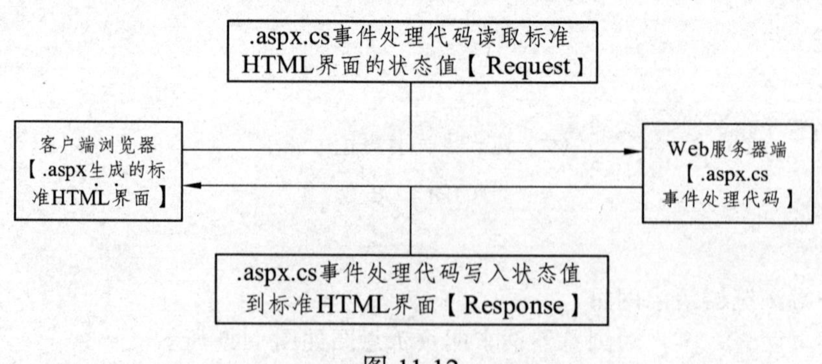

图 11.12

（3）在 Web 网站中，事件处理方式与 Windows 应用程序不同。

动态网页：其事件在客户端触发，而事件处理方法则是在服务端被执行。

Windows 应用程序：事件在本地机触发，事件处理方法也是在本地机被执行，如图 11.13 所示。

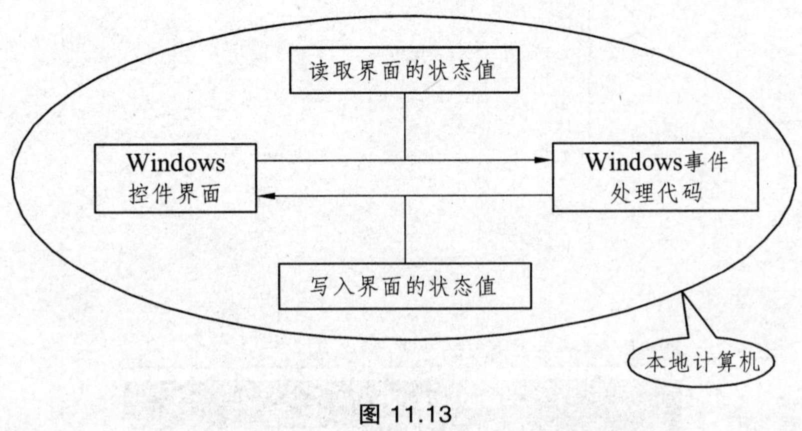

图 11.13

11.3　创建基于 Visual C#的数据库 Web 应用程序

数据绑定控件有 GridView、DetailsView、DataList、ListView、Repeater 和 FormView 等　。这些控件可与数据源控件相配合，将获取的数据以不同形式显示在页面上。

例 11.2　在 Web 应用程序里实现“例 10.3 增加、删除、修改数据”的功能，目标数据库也保持不变，如图 11.14 所示。

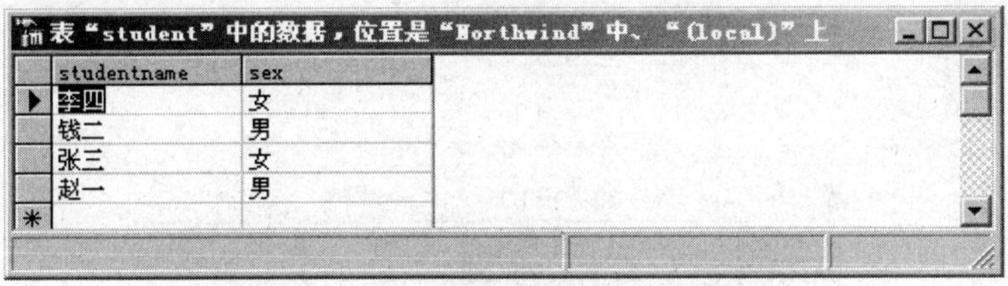

表“student”中的数据，位置是“Northwind”中、“(local)”上

studentname	sex
李四	女
钱二	男
张三	女
赵一	男

图 11.14

运行效果如图 11.15（a）、（b）、（c）和（d）所示。

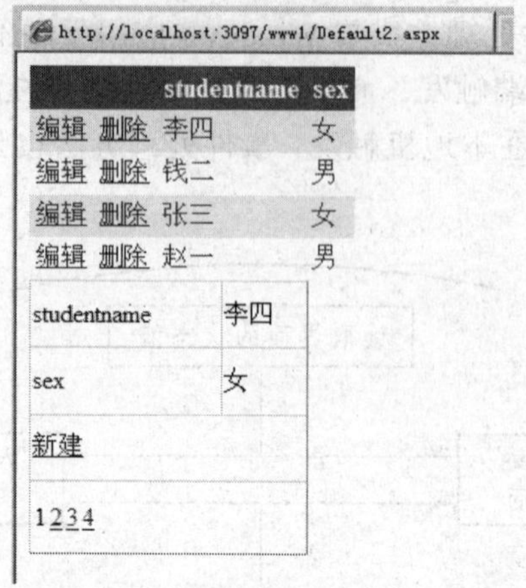

（a）

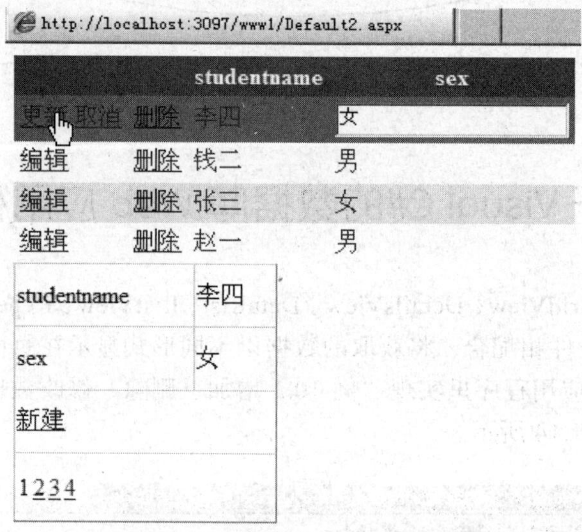

（b）

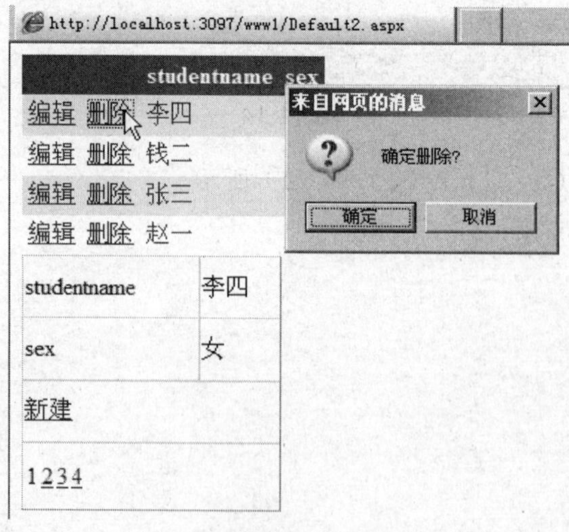

（c）

studentname	李四
sex	女
新建	
1234	

studentname	
sex	
插入 取消	

（d）

图 11.15

制作步骤：

添加新的动态网页 Default2.aspx：进入“设计”模式，从工具箱拖出两个服务器端控件 GridView 和 DetailsView 至页面；然后进入 Default2.aspx.cs 文件，编写下面的代码：

```
using System;
using System.Collections.Generic;
using System.Linq;
using System.Web;
using System.Web.UI;
using System.Web.UI.WebControls;
using System.Data.SqlClient;
using System.Data;

public partial class Default2 : System.Web.UI.Page
{
    private void db()
    {
        string connectionString = @"server=.;database=Northwind;uid=sa;pwd=sa";
       SqlConnection mySqlConnection = new SqlConnection(connectionString);
        mySqlConnection.Open();
        DataSet myDataSet = new DataSet();
        string SQLString = "Select * From Student";
        SqlDataAdapter mySqlDataAdapter = new SqlDataAdapter(SQLString, mySql Connection);
        mySqlDataAdapter.Fill(myDataSet);
        GridView1.DataSource = myDataSet ;
        GridView1.DataKeyNames = new string[] { "StudentName" };//主键
        GridView1.DataBind();
        mySqlConnection.Close();
    }
    private void db2()
```

```
{
    string connectionString = @"server=.;database=Northwind;uid=sa;pwd=sa";
    SqlConnection mySqlConnection = new SqlConnection(connectionString);
    mySqlConnection.Open();
    DataSet myDataSet = new DataSet();
    string SQLString = "Select * From Student";
    SqlDataAdapter mySqlDataAdapter = new SqlDataAdapter(SQLString, mySqlConnection);
    //使用 Fill 方法把所有的数据放在 myDataSet
    mySqlDataAdapter.Fill(myDataSet);
     DetailsView1 .DataSource = myDataSet;
     DetailsView1.DataKeyNames = new string[] { "StudentName" };//主键
     DetailsView1.DataBind();
    mySqlConnection.Close();
}
protected void Page_Load(object sender, EventArgs e)
{
    if (!IsPostBack)
    { db();   db2();}


}
protected void GridView1_PageIndexChanging(object sender, GridViewPageEventArgs e)
{
    GridView1.PageIndex = e.NewPageIndex;
    db();
}
protected void GridView1_RowEditing(object sender, GridViewEditEventArgs e)
{
    GridView1.EditIndex = e.NewEditIndex;
    db();

}
protected void GridView1_RowUpdating(object sender, GridViewUpdateEventArgs e)
{
    string connectionString = @"server=localhost;database=Northwind;uid=sa;pwd=sa";
    SqlConnection mySqlConnection = new SqlConnection(connectionString);
    mySqlConnection.Open();
    string s = ((TextBox)(GridView1.Rows[e.RowIndex].Cells[3].Controls[0])).Text. ToString().
    Trim();
    string wh = GridView1.DataKeys[e.RowIndex].Value.ToString().Trim();
```

```
        string ModifyString = "UPDATE Student SET Sex ='" + s + "' WHERE StudentName='" + wh + "'";
        SqlCommand mySqlCommand = new SqlCommand(ModifyString, mySqlConnection);
        mySqlCommand.ExecuteNonQuery();
        mySqlConnection.Close();
        GridView1.EditIndex = -1;
        db();
    }
    protected void GridView1_RowUpdated(object sender, GridViewUpdatedEventArgs e)
    {

    }
    protected void GridView1_RowCancelingEdit(object sender, GridViewCancelEditEventArgs e)
    {
        GridView1.EditIndex = -1;
        db();

    }
    protected void GridView1_RowDeleting(object sender, GridViewDeleteEventArgs e)
    {
        string connectionString = @"server=localhost;database=Northwind;uid=sa;pwd=sa";
        SqlConnection mySqlConnection = new SqlConnection(connectionString);
        mySqlConnection.Open();
        string wh = GridView1.DataKeys[e.RowIndex].Value.ToString().Trim();
        string ModifyString = "delete from Student WHERE StudentName='" + wh + "'";
        SqlCommand mySqlCommand = new SqlCommand(ModifyString, mySqlConnection);
        mySqlCommand.ExecuteNonQuery();
        mySqlConnection.Close();
        db();
    }
    protected void DetailsView1_ModeChanging(object sender, DetailsViewModeEventArgs e)
    {
        this.DetailsView1.ChangeMode(e.NewMode);
        db2();
    }
    protected void DetailsView1_PageIndexChanging(object sender, DetailsViewPageEventArgs e)
    {
        DetailsView1.PageIndex = e.NewPageIndex;
        db2();
    }
```

```
protected void DetailsView1_ItemInserting(object sender, DetailsViewInsertEventArgs e)
{
    string connectionString = @"server=localhost;database=Northwind;uid=sa;pwd=sa";
    SqlConnection mySqlConnection = new SqlConnection(connectionString);
    mySqlConnection.Open();
    string sn = ((TextBox)DetailsView1.Rows[0].Cells [1].Controls[0] ).Text.Trim ();
    string s = ((TextBox)DetailsView1.Rows[1].Cells[1].Controls[0]).Text.Trim();
    string ModifyString = "INSERT INTO Student(StudentName,Sex) VALUES ('"+sn+"','"+s+"')";
    SqlCommand mySqlCommand = new SqlCommand(ModifyString, mySqlConnection);
    mySqlCommand.ExecuteNonQuery();
    mySqlConnection.Close();
    db2();
    db();
}
}
```

11.4 ASP.NET 配置管理

11.4.1 ASP.NET 配置概述

1. 配置文件

ASP.NET 配置数据存储在全部命名为 Web.config 的 XML 文本文件中，Web.config 文件可以出现在 ASP.NET 应用程序的多个目录中。使用这些文件，可以将应用程序部署到服务器上之前、期间或之后方便地编辑配置数据。可以通过使用标准的文本编辑器、ASP.NET MMC 管理单元、网站管理工具或 ASP.NET 配置 API 来创建和编辑 ASP.NET 配置文件。

ASP.NET 配置文件将应用程序配置设置与应用程序代码分开。通过将配置数据与代码分开，可以方便地将设置与应用程序关联，也可在部署应用程序之后根据需要更改设置，以及扩展配置架构。

2. 配置工具

使用 ASP.NET 配置系统所提供的工具（ASP.NET MMC 管理单元）来配置应用程序比使用文本编辑器简单，因为这些工具包括错误检测功能。

用于 ASP.NET 的 Microsoft 管理控制台(MMC)管理单元提供一种在本地或远程 Web 服务器上的所有级别操作 ASP.NET 配置设置的方便途径。ASP.NET MMC 管理单元使用 ASP.NET 配置 API，但它通过提供一个图形用户界面(GUI)来简化配置设置的编辑过程。另外，该工具还支持多个 ASP.NET 配置 API 功能，这些功能控制 Web 应用程序是否可以继承设置，并管理配置层次结构各级别之间的依赖性。

11.4.2　ASP.NET 配置文件

Web.config 文件是一个 XML 文件，它用来储存 ASP.NET Web 应用程序的配置信息，它可以出现在应用程序的每一个目录中。Web.config 文件包括默认的配置设置，所有的子目录都继承它的配置设置。

在运行时对 Web.config 文件的修改不需要重启服务就可以生效。Web.config 文件是可以扩展的。可以自定义新配置参数并编写配置节处理程序以对它们进行处理。Web.config 配置文件（默认的配置设置）所有的代码都应该位于如下代码段之间。

```
<configuration>
    <system.web>
        ……
    </system.web>
</configuration>
```

Web.Config 是以 XML 文件规范存储的，该文件分为以下部分：

（1）配置节处理程序声明。

作用：位于配置文件的顶部，包含在<configSections>元素中。

（2）特定应用程序配置。

作用：位于<appSetting>子元素中，用以定义应用程序的全局常量设置等信息。

（3）配置节设置。

作用：位于<system.Web>元素中，控制 Asp.net 运行时的行为。

（4）配置节组。

作用：用<sectionGroup>标记，可以自定义分组，可以放到<configSections>内部或其他<sectionGroup>元素的内部。

Web.config 配置文件常见的配置选项被定义为不同的节点，常用的节点包括：

（1）appSetting 节。

此节用于定义应用程序设置项。对一些不确定设置，还可以让用户根据自己实际情况自己设置，如在该节中定义连接字符串 con，语法为：

```
<appSettings>
<add key="con" value="server=127.0.0.1;
userid=sa;password=sa;database=DownLog;"/>
<appSettings>
```

此时即可以通过访问配置文件获取 con 访问数据库，当连接字符串需要进行改动时，只需要改动配置文件即可，不需要重新编译源代码。

（2）<authentication>与<authorization>节。

<authentication>节通过其 mode 属性设置 ASP.NET 身份验证支持，mode 属性的取值为 Windows、Forms、PassPort 或 None 四种，分别代表不同的访问限制层次，如下：

Windows：使用 IIS 验证方式；

Forms：使用基于窗体的验证方式；

Passport：采用 Passport cookie 验证模式；

None：不采用任何验证方式。

该元素只能在计算机、站点或应用程序级别声明。当选择不同限制时需要与不同的子节点配合使用。

（3）<compilation>节。

该节配置 ASP.NET 使用的所有编译设置。默认的 debug 属性为“True”，即启动调试。通常情况下在开发时设置为 true，交付用户后设置为 false，除了 debug 外还有 default language 属性用来设定后台代码语言，一般为 C#或 VB.NET。

习题十一

1. 完善例 11.2。

程序代码略。

第 12 章　项目实践

本章要点：软件的开发流程及生存周期；人事管理系统的开发。

12.1　软件的生存周期

1. 软件定义阶段

这个阶段主要决定将要开发软件的功能和特性。它又可以细分为问题定义、可行性研究、需求分析三个阶段。软件定义阶段又称为软件计划阶段。

2. 软件开发阶段

此阶段又可以细分为总体设计、详细设计、程序编制和软件测试四个阶段。

3. 软件运行维护阶段

这个阶段的主要任务是通过各种必要的维护活动使系统持久地满足用户的需求。

12.2　人事管理系统

12.2.1　系统总体设计

1. 系统功能设计

人事管理系统是与人事考勤相关信息管理系统，在本系统中包括用户登录和注册功能、用户管理功能、人力资源管理、考勤管理功能等。

2. 系统模块划分

按照上面所述的系统功能设计，可以把人事管理系统划分为用户登录和注册模块、用户管理模块、人力资源管理模块、考勤管理等模块。

12.2.2　系统数据库设计

1. 总体设计

根据人事管理系统的实际需要和总体设计，本系统需要如下数据：用户数据、功能菜单数据、部门数据、员工数据、考勤规则数据、考勤数据以及请假数据。

2. 表设计

（1）功能菜单树形结构表（Tb_treeview）。

表结构：

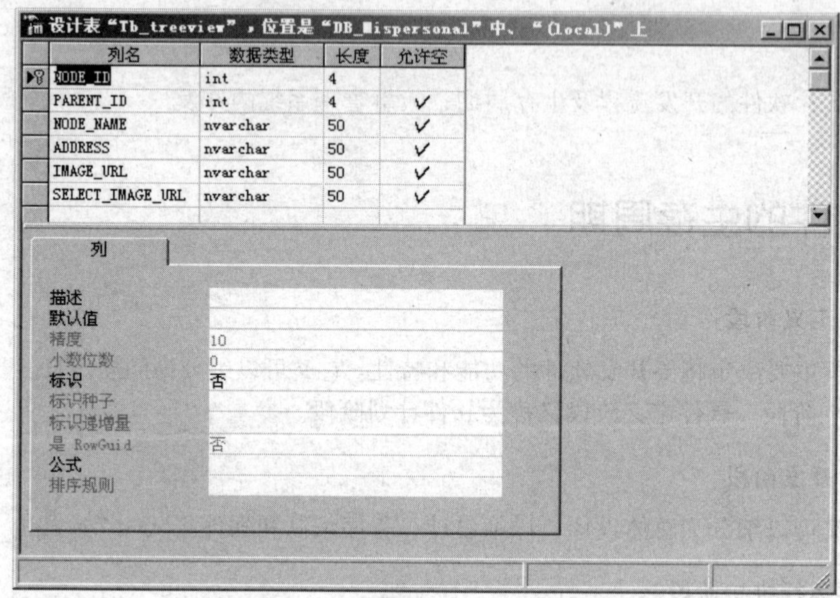

列名	数据类型	长度	允许空
NODE_ID	int	4	
PARENT_ID	int	4	✓
NODE_NAME	nvarchar	50	✓
ADDRESS	nvarchar	50	✓
IMAGE_URL	nvarchar	50	✓
SELECT_IMAGE_URL	nvarchar	50	✓

图 12.1

表记录：

表“Tb_treeview”中的数据，位置是“DB_Mispersonal”中、“(local)”上

NODE_ID	PARENT_ID	NODE_NAME	ADDRESS	IMAGE_URL	SELECT_IMAGE_UR
1	0	人事资源管理信息	~/Index.aspx	~/WebFiles/Imag	~/WebFiles/Imag
2	1	人力资源管理		~/WebFiles/Imag	~/WebFiles/Imag
3	1	考勤管理		~/WebFiles/Imag	~/WebFiles/Imag
4	1	系统管理		~/WebFiles/Imag	~/WebFiles/Imag
5	2	部门信息管理		~/WebFiles/Imag	~/WebFiles/Imag
6	2	员工信息管理	<NULL>	~/WebFiles/Imag	~/WebFiles/Imag
7	5	添加部门信息	~/WebFiles/Departm	~/WebFiles/Imag	~/WebFiles/Imag
8	5	部门信息列表	~/WebFiles/Departm	~/WebFiles/Imag	~/WebFiles/Imag
9	5	部门信息查询	~/WebFiles/Departm	~/WebFiles/Imag	~/WebFiles/Imag
10	6	添加员工信息	~/WebFiles/Employe	~/WebFiles/Imag	~/WebFiles/Imag
11	6	员工信息列表	~/WebFiles/Employe	~/WebFiles/Imag	~/WebFiles/Imag
12	6	员工信息查询	~/WebFiles/Employe	~/WebFiles/Imag	~/WebFiles/Imag
13	3	考勤规则	~/WebFiles/Attende	~/WebFiles/Imag	~/WebFiles/Imag
14	3	考勤结果	~/WebFiles/Attende	~/WebFiles/Imag	~/WebFiles/Imag
15	3	假别管理	~/WebFiles/Leaver/l	~/WebFiles/Imag	~/WebFiles/Imag
16	3	请假记录	~/WebFiles/Leaver/l	~/WebFiles/Imag	~/WebFiles/Imag
17	13	编辑考勤规则	~/WebFiles/Attende	~/WebFiles/Imag	~/WebFiles/Imag
18	15	添加假别	~/WebFiles/Leaver/	~/WebFiles/Imag	~/WebFiles/Imag
19	16	员工考勤登记	~/WebFiles/Leaver/	~/WebFiles/Imag	~/WebFiles/Imag
20	4	用户列表	~/WebFiles/User/Us	~/WebFiles/Imag	~/WebFiles/Imag
21	4	添加用户	~/WebFiles/User/Us	~/WebFiles/Imag	~/WebFiles/Imag
22	4	用户查询	~/WebFiles/User/Us	~/WebFiles/Imag	~/WebFiles/Imag
23	4	用户注销	~/Default.aspx	~/WebFiles/Imag	~/WebFiles/Imag

图 12.2

（2）用户角色表（Tb_User_Login）

表结构：

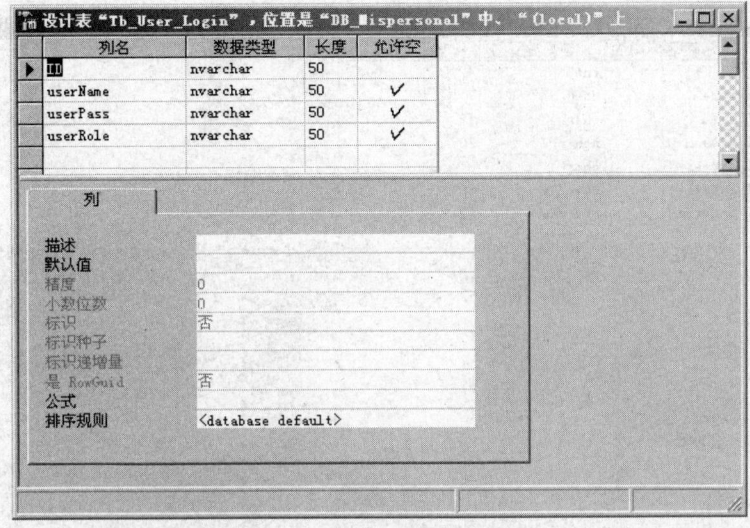

列名	数据类型	长度	允许空
ID	nvarchar	50	
userName	nvarchar	50	✓
userPass	nvarchar	50	✓
userRole	nvarchar	50	✓

图 12.3

表记录：

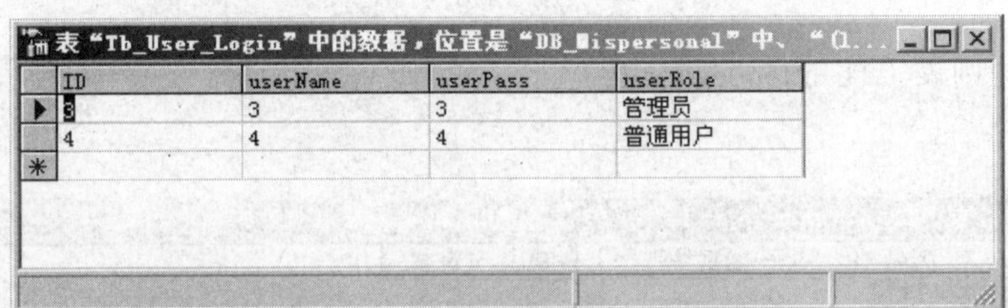

ID	userName	userPass	userRole
3	3	3	管理员
4	4	4	普通用户

图 12.4

（3）请假种类表（Tb_leaver_kind）

表结构：

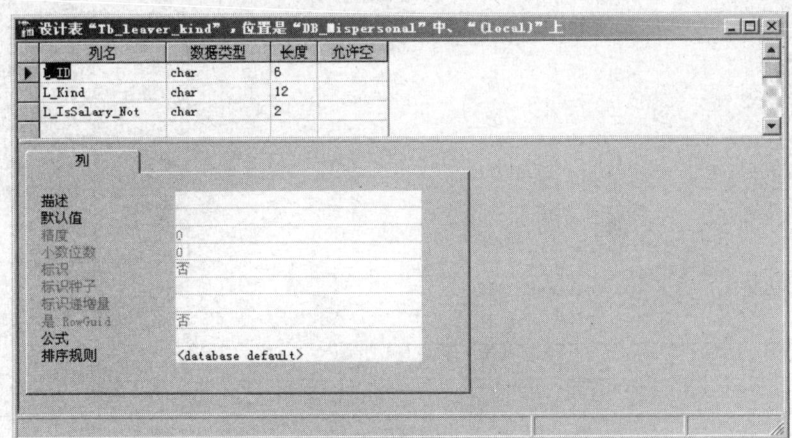

列名	数据类型	长度	允许空
L_ID	char	6	
L_Kind	char	12	
L_IsSalary_Not	char	2	

图 12.5

（4）请假记录表（Tb_leaver_recordrest）

表结构：

设计表“Tb_leaver_recordrest”，位置是“DB_Mispersonal”中、“(local)”上

列名	数据类型	长度	允许空
ID	int	4	
E_Name	char	7	
L_Kind	char	12	
L_Reason	nchar	200	✓
L_Agreer	char	8	
L_StartTime	nvarchar	50	
L_EndTime	nvarchar	50	

列

描述	
默认值	
精度	10
小数位数	0
标识	是
标识种子	1
标识递增量	1
是 RowGuid	否
公式	
排序规则	

图 12.6

（5）考勤规则表（Tb_attendece_rule）

表结构：

设计表“Tb_attendece_rule”，位置是“DB_Mispersonal”中、“(loc...

列名	数据类型	长度	允许空
Onwork_Ahead	char	10	
Onwork_Normal	char	10	
Offwork_Delay	char	10	
Offwork_Normal	char	10	

列

描述	
默认值	
精度	0
小数位数	0
标识	否
标识种子	
标识递增量	
是 RowGuid	否
公式	
排序规则	<database default>

图 12.7

（6）考勤结果表（Tb_attendece_result）

表结构：

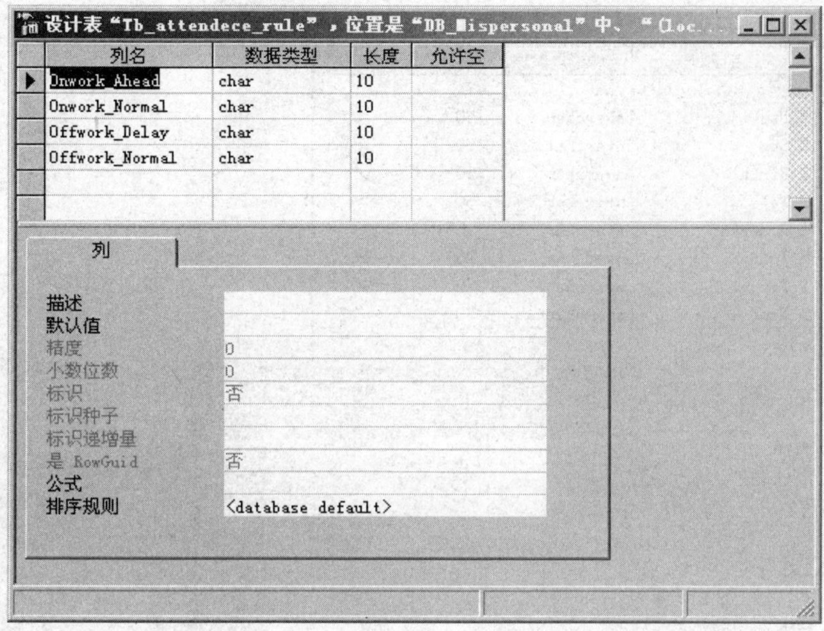

图 12.8

（7）部门表（Tb_department）

表结构：

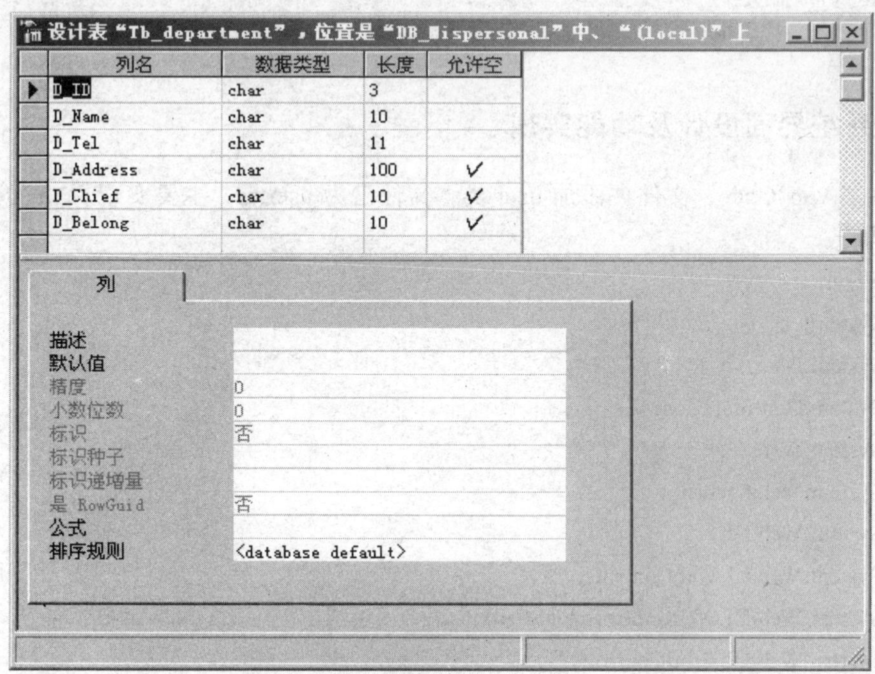

图 12.9

（8）员工表（Tb_employee）

表结构：

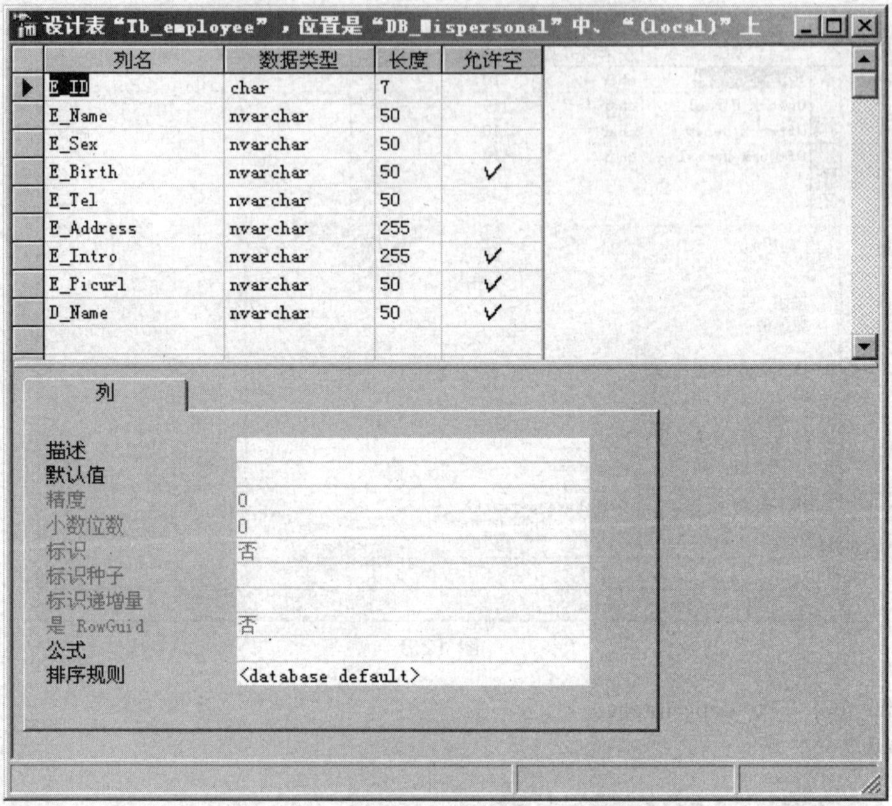

设计表“Tb_employee”，位置是“DB_Mispersonal”中、“(local)”上

列名	数据类型	长度	允许空
E_ID	char	7	
E_Name	nvarchar	50	
E_Sex	nvarchar	50	
E_Birth	nvarchar	50	✓
E_Tel	nvarchar	50	
E_Address	nvarchar	255	
E_Intro	nvarchar	255	✓
E_Picurl	nvarchar	50	✓
D_Name	nvarchar	50	✓

列

描述	
默认值	
精度	0
小数位数	0
标识	否
标识种子	
标识递增量	
是 RowGuid	否
公式	
排序规则	<database default>

图 12.10

12.2.3 系统界面设计及功能实现

（1）在“App_Code”文件夹添加 user 类，文件名为 user.cs，主要实现“Tb_User_Login”表的相关操作。

代码如下：

```
using System;
using System.Data;
using System.Configuration;
using System.Web;
using System.Web.Security;
using System.Web.UI;
using System.Web.UI.WebControls;
using System.Web.UI.WebControls.WebParts;
using System.Web.UI.HtmlControls;
using System.Data.SqlClient;
```

```
/// <summary>
/// user 的摘要说明
/// </summary>
public class user
{
    //先申明一系列常用的对象
    private string connstr;
    private SqlConnection Sqlconn;
    private SqlCommand Sqlcmd;
    private SqlDataAdapter Sqladpter;
    private DataSet ds;
    private SqlDataReader Sqlreader;

    public user()
    {//初始化所有的实例
        connstr = ConfigurationManager.ConnectionStrings["Mispersonalconn"].ConnectionString;
        Sqlconn = new SqlConnection(connstr);
        Sqlcmd = new SqlCommand();
        Sqladpter = new SqlDataAdapter();
        ds = new DataSet();
    }
    public SqlDataReader Login(string sql)
    {
        Sqlcmd.CommandText =sql;
        Sqlcmd.Connection = Sqlconn;
        if (Sqlconn.State == ConnectionState.Closed) { Sqlconn.Open(); }
        Sqlreader=Sqlcmd.ExecuteReader(CommandBehavior.CloseConnection);
        return Sqlreader;
    }

    public DataSet Search(string sql)
    {//返回内存数据库
        Sqladpter.SelectCommand = new SqlCommand(sql, Sqlconn);
        Sqladpter.Fill(ds, "temp");
        return ds;
    }

    public void Update(string ID,string userName,string userPass,string userRole)
    {//执行更新动作
```

```
            Sqlcmd.CommandText="update [Tb_User_Login]set [userName]=@e_userName, [userPass]=
@e_userPass,[userRole]=@e_userRole where [ID]=@e_ID";
            Sqlcmd.Parameters.AddWithValue("@e_ID",ID);
            Sqlcmd.Parameters.AddWithValue("@e_userName",userName);
            Sqlcmd.Parameters.AddWithValue("@e_userPass",userPass);
            Sqlcmd.Parameters.AddWithValue("@e_userRole",userRole);
            Sqlcmd.Connection = Sqlconn;
            Sqlconn.Open();
            Sqlcmd.ExecuteNonQuery();
        }
        public void Delete(string ID)
        {//执行删除动作
            Sqlcmd.CommandText = "delete from [Tb_User_Login] where [ID]='" +ID+ "'";
            Sqlcmd.Connection = Sqlconn;
            Sqlconn.Open();
            Sqlcmd.ExecuteNonQuery();
        }
        public void Insert(string ID, string userName, string userPass, string userRole)
        {//执行添加动作
            Sqlcmd.CommandText = "insert into [Tb_User_Login] values('" + ID + "','" + userName +
"','" + userPass + "','" + userRole + "')";
            Sqlcmd.Connection = Sqlconn;
            Sqlconn.Open();
            Sqlcmd.ExecuteNonQuery();
        }
    }
```

与上面类似，在“App_Code”文件夹添加 Employ 类，文件名为 employ.cs，主要实现“Tb_employee”表的相关操作；添加 department 类，文件名为 department.cs，主要实现“Tb_department”表的相关操作；添加 attendece 类，文件名为 attendece.cs，主要实现“Tb_attendece_result”表的相关操作。

（2）在“UserControl”文件夹添加用户自定义控件，文件名为 Header.ascx，主要实现网页的头部内容。

设计界面如图 12.11 所示。

图 12.11　Header.ascx

程序代码如下：Header.ascx.cs

```
using System;
using System.Data;
using System.Configuration;
using System.Collections;
using System.Web;
using System.Web.Security;
using System.Web.UI;
using System.Web.UI.WebControls;
using System.Web.UI.WebControls.WebParts;
using System.Web.UI.HtmlControls;

public partial class Control_WebUserControl : System.Web.UI.UserControl
{
    protected void Page_Load(object sender, EventArgs e)
    {
        lbMessage.Text = "欢迎" + (string)Session["role"] + (string)Session["name"] + "登陆本系统!";
        DateTime date = DateTime.Now;
        this.lbTime.Text = "你本次的登陆时间为:"+date. ToString ("yy-MM-dd- HH: ss:mm");


    }


}
```

在“UserControl”文件夹添加用户自定义控件，文件名为“Left_Navlist.ascx”，主要实现网页左边的菜单树形结构。

设计界面如图 12.12 所示。

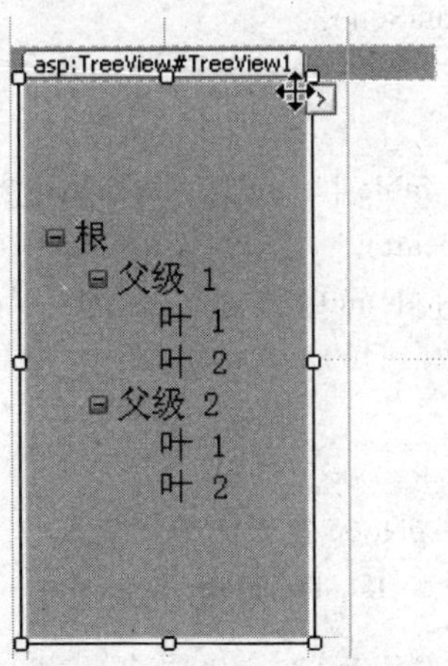

图 12.12　Left_Navlist.ascx

程序代码如下：Left_Navlist.ascx.cs。此处用数据库的“Tb_treeview”表存储菜单的相关数据，并用递归算法实现了 TreeView 控件节点的生成，这样做比较灵活，以后的维护工作主要放在“Tb_treeview”表上，其他都是自动生成。

```
using System;
using System.Data;
using System.Configuration;
using System.Collections;
using System.Web;
using System.Web.Security;
using System.Web.UI;
using System.Web.UI.WebControls;
using System.Web.UI.WebControls.WebParts;
using System.Web.UI.HtmlControls;
using System.Data.SqlClient;
public partial class Control_WebUserControl : System.Web.UI.UserControl
{
    private DataTable objDataTable;
    private void Page_Load(object sender, System.EventArgs e)
    {
        // 在此处放置用户代码以初始化页面
        if (!Page.IsPostBack)
        {
            SqlConnection con = new SqlConnection(ConfigurationManager. ConnectionStrings
["Mispersonalconn"].ConnectionString);
            string sql = "select * from [tb_treeview]";
            SqlDataAdapter sda = new SqlDataAdapter(sql, con);
            con.Open();
            DataSet ds = new DataSet();
            sda.Fill(ds, "temp");
            con.Close();
            objDataTable  = ds.Tables["temp"]; //取得所有数据得到 DataTable
            TreeView1.Nodes.Clear();
            AddTree("0", (TreeNode)null);
        }
    }

    //ParentID 指当前父节点编号,pNode 指当前的父节点
    public void AddTree(string ParentID, TreeNode pNode)      {

        DataView dvTree = new DataView(objDataTable );  //过滤 ParentID,得到当前的所有子节点
        dvTree.RowFilter = "PARENT_ID='" + ParentID  + "'";
```

```
        foreach (DataRowView Row in dvTree)
        {
            TreeNode nodeTemp = new TreeNode();
            if (pNode == null)
            { //添加根节点
                nodeTemp.Value = Row ["NODE_ID"].ToString();  //节点 ID
                nodeTemp.Text = Row ["NODE_NAME"].ToString();  //节点名称
                TreeView1.Nodes.Add(nodeTemp);
                //Node.Expanded = true;
                AddTree((Row["NODE_ID"].ToString()), nodeTemp); //再次递归
            }
            else
            { //添加当前节点的子节点
                nodeTemp.Value = Row["NODE_ID"].ToString();   //节点 ID
                nodeTemp.Text = Row["NODE_NAME"].ToString();   //节点名称
                nodeTemp.NavigateUrl = Row["ADDRESS"].ToString();   //节点链接地址
                nodeTemp.ImageUrl = Row["IMAGE_URL"].ToString();   //节点图片(未展开)
                pNode.ChildNodes.Add(nodeTemp);
                //Node.Expanded = true;
                AddTree(Row["NODE_ID"].ToString(), nodeTemp ); //再次递归
            }
        }
    }
}
```

（3）网站的首页 Default.aspx 的制作，存放在网站的根目录。

设计界面如图 12.13 所示。

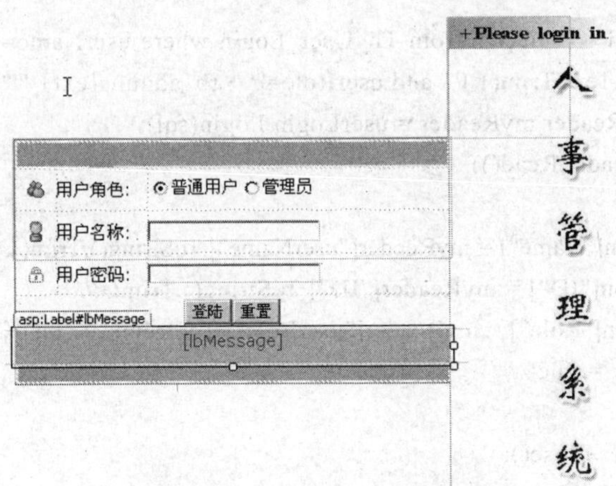

图 12.13　Default.aspx

程序代码如下：Default.aspx.cs。主要实现登录功能。

```
using System;
using System.Data;
```

```
using System.Configuration;
using System.Web;
using System.Web.Security;
using System.Web.UI;
using System.Web.UI.WebControls;
using System.Web.UI.WebControls.WebParts;
using System.Web.UI.HtmlControls;
using System.Data.SqlClient;
public partial class _Default : System.Web.UI.Page
{

    protected void Page_Load(object sender, EventArgs e)
    {
        Session.Clear();

    }
    protected void Btn_Login_Click(object sender, EventArgs e)
    {
        if (TxtUser.Text.Trim() == "")
        {
            Response.Write("<script>alert('登录名不能为空')</script>");
            return;
        }
        user userLogin = new user();
        bool isok = false;
        if (rb_admin.Checked)
        {
            string sql = "select * from Tb_User_Login where userName='" + TxtUser.Text.Trim() +
"' and userPass='" + TxtPwd.Text.Trim() + "'and userRole='" + rb_admin.Text+ "'";
            SqlDataReader myReader = userLogin.Login(sql);
            if (myReader.Read())
            {
              Session["Name"] = myReader["userName"].ToString().Trim();//保存用户名称
              Session["ID"] = myReader["ID"].ToString().Trim();//
              Session["Role"] = myReader["userRole"].ToString().Trim();//保存用户权限.
                isok = true;
            }
            myReader.Close();
        }
       else
        {
            string sql = "select * from Tb_User_Login where userName='" + TxtUser.Text.Trim() +
"' and userPass='" + TxtPwd.Text.Trim() + "'and userRole='" + rb_user.Text + "'";
```

```
            SqlDataReader myReader = userLogin.Login(sql);
            if (myReader.Read())
            {
                Session["Name"] = myReader["userName"].ToString().Trim();//保存用户名称
                Session["ID"] = myReader["ID"].ToString().Trim();//
                Session["Role"] = myReader["userRole"].ToString().Trim();//保存用户权限.
                isok = true;
            }
            myReader.Close();
        }
         if (!isok   )
        {
          lbMessage.Text = "用户名称或密码错误，登陆失败!";
            return;
        }
         else
         {
          Response.Redirect("Index.aspx" );
         }
    }
    protected void Btn_Cancel_Click(object sender, EventArgs e)
    {
        TxtUser.Text = "";
        TxtPwd.Text = "";
        lbMessage.Text = "";
    }
}
```

（4）登录成功后的主界面 Index.aspx 的制作，存放在网站的根目录。

设计界面如图 12.14 所示。

图 12.14　Index.aspx

程序代码如下：Index.aspx.cs。

```
using System;
using System.Data;
using System.Configuration;
using System.Collections;
using System.Web;
using System.Web.Security;
using System.Web.UI;
using System.Web.UI.WebControls;
using System.Web.UI.WebControls.WebParts;
using System.Web.UI.HtmlControls;
public partial class Index : System.Web.UI.Page
{
    protected void Page_Load(object sender, EventArgs e)
    {
        if (Session["Name"] == null )
            Response.Redirect("Default.aspx");
    }
}
```

（5）建立文件夹“WebFiles”，在下面建立子文件夹“Attendece”，包含考勤相关操作的网页；建立子文件夹“Department”，包含部门相关操作的网页；建立子文件夹“Employee”，包含员工相关操作的网页 ；建立子文件夹“Leaver”，包含请假相关操作的网页；建立子文件夹“User”，包含用户相关操作的网页；建立子文件夹“Images”，包含网站所需要的图片。

此处只讲解子文件夹“User”下的网页，其他子文件夹类似。

用户列表网页：User_List.aspx，显示用户列表。

设计界面如图 12.15 所示。

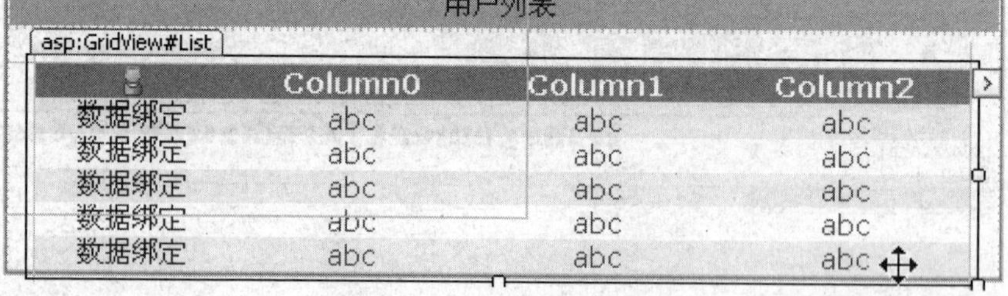

用户列表			
	Column0	Column1	Column2
数据绑定	abc	abc	abc
数据绑定	abc	abc	abc
数据绑定	abc	abc	abc
数据绑定	abc	abc	abc
数据绑定	abc	abc	abc

图 12.15　User_List.aspx

这里主要使用了“GridView”控件，最左边一列是增加的“HyperLinkField”字段，设置如下：

```
【 <Columns>
                <asp:HyperLinkField HeaderText="详细资料"
DataNavigateUrlFields="id"
```

DataNavigateUrlFormatString="~/WebFiles/User/DisplayUser.aspx?ID={0}"

DataTextField="username" HeaderImageUrl="~/WebFiles/Images/user.gif" />

</Columns>】

显示的文本是"username"字段的值；单击“HyperLinkField”字段时，会转向下一个网页"~/WebFiles/User/DisplayUser.aspx?ID={0}"，{0}就用"id"字段的值来替换，这样就实现了一个比较灵活的功能：单击哪条记录的“HyperLinkField”字段时，就会进入下一个网页，显示出该条记录的详细信息。

程序代码如下：User_List.aspx.cs

```
using System;
using System.Data;
using System.Configuration;
using System.Collections;
using System.Web;
using System.Web.Security;
using System.Web.UI;
using System.Web.UI.WebControls;
using System.Web.UI.WebControls.WebParts;
using System.Web.UI.HtmlControls;
using System.Data.SqlClient;
public partial class WebFiles_User_User_List : System.Web.UI.Page
{
    protected void Page_Load(object sender, EventArgs e)
    {
        if (Session["Name"] == null)
            Response.Redirect("~\\Default.aspx");
        if (!IsPostBack)
            Bind();
    }
    private void Bind()
    {
        SqlConnection con = new SqlConnection(ConfigurationManager. ConnectionStrings
["Mispersonalconn"].ConnectionString);
        string sql = "select id,username,userrole from [Tb_User_Login]";
        SqlDataAdapter sda = new SqlDataAdapter(sql, con);
        con.Open();
        DataSet ds = new DataSet();
        sda.Fill(ds, "temp");
        con.Close();
        List.DataSource = ds.Tables["temp"];
```

```
            List.DataBind();
        }
    }
```

用户详细资料网页：DisplayUser.aspx，显示用户的详细信息，并实现更新记录和删除记录。设计界面如图 12.16 所示。

用户详细资料	
用户编号:	
用户名称:	
用户密码:	
确认密码:	
用户角色:	普通用户
[lbMessage]	
修改	删除

图 12.16 DisplayUser.aspx

程序代码如下：DisplayUser.aspx.cs

```
using System;
using System.Data;
using System.Configuration;
using System.Collections;
using System.Web;
using System.Web.Security;
using System.Web.UI;
using System.Web.UI.WebControls;
using System.Web.UI.WebControls.WebParts;
using System.Web.UI.HtmlControls;
using System.Data.SqlClient;
public partial class WebFiles_User_User_view : System.Web.UI.Page
{
    protected void Page_Load(object sender, EventArgs e)
    {
        if (Session["Name"] == null)
            Response.Redirect("~\\Default.aspx");
        if (!IsPostBack)
        {
            Bond();
        }
```

```
}
private void Bond()
{
    string id = Request["ID"];
    string sql = "select * from [Tb_User_Login] where ID='" + id + "'";
    user ser = new user();
    DataSet ds = ser.Search(sql);
    TxtUserID.Text=(string)ds.Tables["temp"].Rows[0]["ID"];
    TxtUser.Text=(string)ds.Tables["temp"].Rows[0]["userName"];
    TxtPass.Text=(string)ds.Tables["temp"].Rows[0]["userPass"];
    TxtPass1.Text=(string)ds.Tables["temp"].Rows[0]["userPass"];
    role.SelectedValue=(string)ds.Tables["temp"].Rows[0]["userRole"];
}
protected void Edit_Click(object sender, EventArgs e)
{
        if ((string)Session["role"] == "管理员")
        {
            string id = Request["ID"];
            user u = new user();
            u.Update(id, TxtUser.Text.Trim(), TxtPass.Text.Trim(), role. Selected Value. Trim());

            lbMessage.Text = "您已成功更新记录!";
        }
        else
        {
           Response.Write("<script>alert('只有管理员才可以进行此操作!') </script>");
        }
}
protected void Delete_Click(object sender, EventArgs e)
{
        if ((string)Session["role"] == "管理员")
        {
            string id = Request["ID"];
            user u = new user();
            u.Delete(id);
            Response.Redirect("~/WebFiles/User/User_List.aspx");
        }
        else
        {
```

```
                Response.Write("<script>alert('只有管理员才可以进行此操作!')</script>");
            }
        }
    }
```

用户注册网页：User_registor.aspx，增加用户记录。

设计界面如图 12.17 所示。

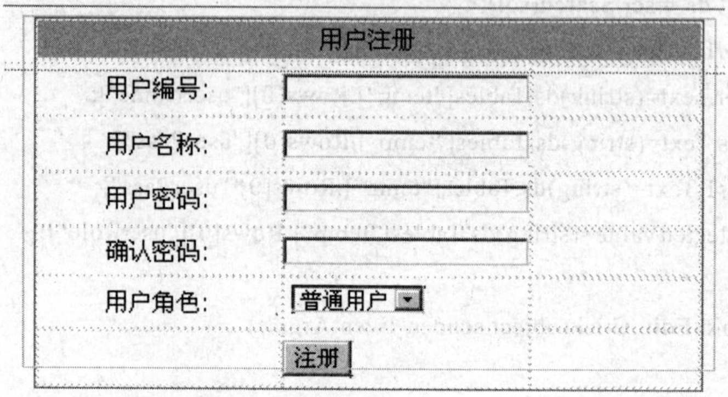

用户注册

用户编号:

用户名称:

用户密码:

确认密码:

用户角色: 普通用户

注册

图 12.17 User_registor.aspx

程序代码如下：User_registor.aspx.cs

```
using System;
using System.Data;
using System.Configuration;
using System.Collections;
using System.Web;
using System.Web.Security;
using System.Web.UI;
using System.Web.UI.WebControls;
using System.Web.UI.WebControls.WebParts;
using System.Web.UI.HtmlControls;
using System.Data.SqlClient;
public partial class WebFiles_User_User_registor : System.Web.UI.Page
{
    protected void Page_Load(object sender, EventArgs e)
    {
        if (Session["Name"] == null)
            Response.Redirect("~\\Default.aspx");
    }
    protected void bt_add_Click(object sender, EventArgs e)
    {
        if(TxtUser.Text.Trim()=="")
```

```
        {
            Response.Write("<script>alert('用户名不能为空')</script>");
            return;
        }
        if (TxtPass.Text.Trim()=="")
        {
            Response.Write("<script>alert('用户密码不能为空')</script>");
            return;
        }
        if (TxtPass1.Text.Trim()=="")
        {
            Response.Write("<script>alert('确认密码不能为空')</script>");
            return;
        }
        if (TxtPass.Text.Trim()!=""&&TxtPass1.Text.Trim()!="")
        {
            if ((TxtPass.Text.Trim()) != (TxtPass1.Text.Trim()))
            {
                Response.Write("<script>alert('两次密码不一致!')</script>");
                return;
            }
            else
            {
            user Registor=new user();
          Registor.Insert(TxtUserID.Text,TxtUser.Text,TxtPass.Text,role.SelectedValue);
            }
        }
        Response.Redirect("~/WebFiles/User/User_List.aspx");
    }
}
```

用户查询网页：User_search.aspx，查询用户记录。

设计界面如图 12.18 所示。

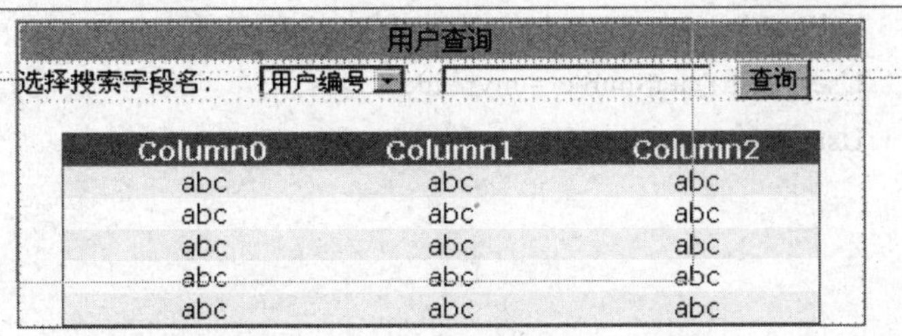

图 12.18　User_search.aspx

程序代码如下：User_search.aspx.cs

```
using System;
using System.Data;
using System.Configuration;
using System.Collections;
using System.Web;
using System.Web.Security;
using System.Web.UI;
using System.Web.UI.WebControls;
using System.Web.UI.WebControls.WebParts;
using System.Web.UI.HtmlControls;
using System.Data.SqlClient;
public partial class WebFiles_User_User_search : System.Web.UI.Page
{
    protected void Page_Load(object sender, EventArgs e)
    {
        if (Session["Name"] == null)
            Response.Redirect("~\\Default.aspx");
    }
    protected void Btn_Search_Click(object sender, EventArgs e)
    {
        if (role.SelectedValue== "用户编号")
        {
            if (TxtContent.Text.Trim() == "")
            {
                Response.Write("<script>alert('用户编号不能为空!')</script>");
            }
            else
            {
                string sql = "select ID 用户编号,userName 用户名,userRole 用户权限 from
[Tb_User_Login] where ID='" +TxtContent.Text.Trim()+ "'";
                user Search = new user();
                SqlDataReader myreader = Search.Login(sql);
                User_List.DataSource = myreader;
                User_List.DataBind();
            }
        }
        else
        {
```

```
            if (TxtContent.Text.Trim() == "")
            {
                Response.Write("<script>alert('用户名不能为空!')</script>");
            }
            else
            {

                string sql = "select ID 用户编号,userName 用户名,userRole 用户权限 from
[Tb_User_Login] where userName='" + TxtContent.Text.Trim() + "'";
                user Search = new user();
                SqlDataReader myreader = Search.Login(sql);
                User_List.DataSource = myreader;
                User_List.DataBind();
            }
        }
    }
}
```

至此，我们已完成了项目关于用户操作这一部分的功能，其他部分的功能实现是相似的，请读者自行完成。

习题十二

1. 完善本项目其他部分的功能，实现是相似的，请读者自行完成。

程序代码略。

参考文献

[1] 陈建伟, 张波. Visual C# 2010 程序设计教程[M]. 北京：清华大学出版社, 2013.10.2012.
[2] 芦扬. Visual C#2010 程序设计实用教程[M]. 北京：清华大学出版社, 2012.
[3] 李春葆. C#程序设计教程[M]. 2 版. 北京：清华大学出版社, 2010.
[4] 王东明、葛武滇. Visual C#. NET 程序设计与应用开发[M]. 北京：清华大学出版社, 2008.